广东省本科高校动画、数字媒体专业教学指导委员会立项项目
高等学校动画与数字媒体专业"全媒体"创意创新规划教材

创意交互设计与开发

[澳] 纪毅 编著

电子工业出版社

Publishing House of Electronics Industry

北京·BEIJING

内 容 简 介

本书详细介绍了创意交互设计语言模式，以及如何运用该设计语言帮助设计者构建人与交互对象的个性化交互；重点介绍了个性化交互语言的组成元素和基本结构，通过对特定交互产品的解析说明交互设计语言在实际中的应用；介绍了流行的可视化编程工具及常用的创意编程工具；展示了大量国际交互艺术作品和设计案例，系统讲解了创意交互设计的整个流程，以及如何将数字艺术与编程有机结合在一起。

本书可作为高等院校数字媒体、动画、艺术设计等相关专业交互设计课程的教材，也可供交互设计、人工智能应用、用户界面设计、移动软件开发等相关技术人员、研究人员及对交互设计感兴趣的读者参考。

未经许可，不得以任何方式复制或抄袭本书之部分或全部内容。
版权所有，侵权必究。

版权贸易合同登记号　图字：01-2021-5048

图书在版编目（CIP）数据

创意交互设计与开发/（澳）纪毅编著．—北京：电子工业出版社，2021.9
ISBN 978-7-121-41851-8

Ⅰ．①创… Ⅱ．①纪… Ⅲ．①人-机系统－系统设计－高等学校－教材 Ⅳ．①TP11

中国版本图书馆CIP数据核字（2021）第174089号

责任编辑：张　鑫
印　　刷：中国电影出版社印刷厂
装　　订：中国电影出版社印刷厂
出版发行：电子工业出版社
　　　　　北京市海淀区万寿路173信箱　邮编：100036
开　　本：787×1 092　1/16　印张：12　字数：221千字
版　　次：2021年9月第1版
印　　次：2022年8月第2次印刷
定　　价：62.00元

凡所购买电子工业出版社图书有缺损问题，请向购买书店调换。若书店售缺，请与本社发行部联系，联系及邮购电话：（010）88254888，88258888。
质量投诉请发邮件至zlts@phei.com.cn，盗版侵权举报请发邮件至dbqq@phei.com.cn。
本书咨询联系方式：zhangxinbook@126.com。

编委会

主 任：
曹 雪　汤晓颖

副主任：
廖向荣　李 杰　甘小二　金 城　阙 镭

委 员：（按姓氏拼音顺序排序）
安海波　蔡雨明　陈赞蔚　冯开平　冯 乔
何清超　贺继钢　黄德群　纪 毅　汪 欣
王朝光　徐志伟　张 鑫　周立均

在21世纪，我们几乎在生活的每个方面都要与机器进行互动。即使是那些从来没有接触过计算机键盘或鼠标的人，也会在开车、使用洗碗机或打电话时用到各种机器。在现代设计中，交互性是一个重要的考虑因素。交互性并不像我们所想的那么简单，因为我们没有一个可以完全预测人类行为的模型，以及不知道人们将如何响应我们所给定的交互设计。当计算机被艺术家或作曲家进行创造性的使用时，这个问题就变得更加复杂和困难了。

本书为我们提供了这一领域所需要的帮助。对于设计师来说，了解可以使用的不同媒体是重要的，他们还要了解如何通过运用多样化的媒体形成不同的交互风格和用户体验。纪博士将带领读者一步步深入了解这些问题并介绍该领域的关键技术。

本书的核心是对创意交互设计语言的讨论。该语言对创造性的交互设计和开发、进行深入的设计讨论及系统化的信息评估是至关重要的。最后一章对运用计算机进行创作的国际数字艺术家的作品进行展示和详细描述，通过这些作品阐明如何将高度创造力通过计算机和交互设计来丰富我们的生活。我也非常荣幸在书中展示我的作品，为本书做出我的贡献。

欧内斯特·埃德蒙兹（Ernest Edmonds）
德蒙福特大学计算机艺术教授
国际新媒体艺术理事会主席
Springer Cultural Computing 系列丛书主编
ACM SIGGRAPH 杰出艺术家
ACM SIGCHI 终身成就奖获得者
2021年3月
于 Peak District, UK

前言 PREFACE

　　交互设计用于设定人与物之间的交流模式，其核心是在人和物之间创建有意义的个性化互动。交互设计师通过协同运用数字媒体、人机交互、人工智能、大数据、互联网等技术和方式进行信息的承载、解读、重构及传达，最终以视觉、听觉、触觉等多种感觉的形式来提供特定的交互体验。近年来，随着新技术的不断发展和人们对个性化体验需求的不断增加，创意交互设计得到了快速发展，同时也要求交互设计的内容更加注重对艺术与技术的整合和创新应用。因此，本书将全面讲解如何运用不同的交互技术和互动媒体进行创意交互的设计与创新。

　　本书以创意交互设计基础理论与技术实践为主要内容，借助互动媒体软件和硬件的学习与应用，通过生动有趣的案例剖析，使读者理解创意交互设计常识并掌握创新设计原理方法，将理论与实践结合、艺术与技术结合，培养创意思维能力，提升媒体艺术修养与跨界创新能力。本书前两章全面讲述了交互及互动媒体设计的发展历史和现状、知识体系、研究范畴、设计方法等，帮助读者对创意交互设计形成系统化的认知。第3章详细介绍了作者首创的创意交互设计语言，学习运用该设计语言可以帮助设计者构建人与交互对象的个性化交互。其中重点介绍创意交互语言的组成元素和基本结构，并通过对特定交互作品的解析说明交互设计语言在实际交互设计中的应用。第4章介绍了不同类型的交互软件和交互硬件，以及当前智能交互技术的应用现状，重点介绍了国际流行的可视化编程工具和常用的创意编程工具。第5章通过分析创意交互设计案例系统化讲解创意交互设计语言的整个流程，以及如何运用可视化编程工具Scratch和创意编程工具Processing制作创意交互作品，将数字艺术与编程进行有机结合，把互动媒体设计中的视觉形式、动画、交互、软件和硬件等相关知识关联在一起，让读者尝试通过编写程序实现艺术构思。不仅作品是艺术，编程及创作过程也是艺术创作的一种表现方式，本书旨在让读者能够从创意设计的角度学习编写程序，并在编写程序的过程中进行艺术创作。

　　此外，本书的一大特色是将国际上知名艺术家、数字媒体创新实践者、人机交互

创意交互设计与开发

研究学者、国际艺术大赛获奖者的创作理念、设计制作过程及最终的作品都一一呈现出来。在第6章，读者可以看到不同风格和类型的作品，其中既有2D图像，也有3D图像。有的作品在屏幕上以动画的形式呈现；有的作品则在虚拟现实环境中显示；还有的艺术品安装在特定的物理空间中，以声音、动画和图像为载体来表达一个不同于我们周围的日常世界。本书中的创意交互艺术作品有一个共同点：创作者都在使用不同的技术来呈现和探索一个创造性的想法。他们使用的技术在这方面发挥了重要的作用，同时我们可以了解到，创作者的创意理念才是作品要表达内容的核心。通过鉴赏这些不同类型和风格的作品，可以开拓读者对新媒体艺术和交互技术深刻而全面的认知与体验，从而建立一套属于自己的创意交互设计知识体系。

本书的内容主要针对不同专业和背景的读者及不同层次的交互设计或新媒体从业人员。本书既可以作为高等院校数字媒体、动画、艺术设计等相关专业交互设计课程的教材，也可以作为交互设计、人工智能应用、用户界面设计、移动软件开发等相关技术人员、研究人员及对交互设计感兴趣的读者的参考书。

在本书的编写过程中，我们得到了交互设计领域多位专家、学者、艺术家的宝贵建议和大力支持，使本书一直能够保持正确的方向和具有前沿性。另外，来自世界各地的艺术家、数字媒体创新实践者、交互研究学者、艺术大赛获奖者为本书提供了他们的代表作品，为读者打开了一扇了解国际交互设计、新媒体艺术发展现状和趋势的窗户。

因作者水平有限，加之编写时间仓促，书中错误与疏漏之处在所难免，欢迎读者批评指正。

纪　毅

2021年3月

目录

第1章 交互设计概述 / 1

1.1 交互的概念 / 1
  1.1.1 有意义的互动 / 2
  1.1.2 人际交往及其构建基础 / 3
1.2 人机交互的层次与发展 / 7
  1.2.1 人机交互的层次 / 7
  1.2.2 人机交互的发展 / 10
1.3 什么是交互设计 / 14
  1.3.1 交互设计定义 / 14
  1.3.2 交互设计模式 / 15
1.4 本章小结 / 25

第2章 互动媒体设计 / 26

2.1 互动媒体概述 / 26
  2.1.1 互动媒体的概念 / 26
  2.1.2 互动媒体的发展 / 28
  2.1.3 互动媒体的特色 / 29
  2.1.4 互动媒体的模式 / 30
2.2 互动媒体设计的基本元素 / 35
  2.2.1 视觉元素 / 36
  2.2.2 听觉元素 / 41
  2.2.3 触觉元素 / 43
2.3 互动媒体设计方法 / 44
  2.3.1 以用户为中心的设计 / 44

2.3.2 目标导向设计 / 49

2.4 本章小结 / 53

第3章 创意交互设计语言 / 54

3.1 创意交互设计的本体语言 / 54

    3.1.1 交互设计语言概念 / 54

    3.1.2 交互设计语言构建及应用 / 55

    3.1.3 交互设计语言应用 / 57

3.2 创意交互设计模式 / 57

    3.2.1 创意交互设计语言模式 / 58

    3.2.2 特定领域的交互概念 / 59

    3.2.3 构建特定领域的创意交互设计语言 / 61

3.3 创意交互体验设计 / 66

    3.3.1 流畅交互与体验 / 67

    3.3.2 认知交互与体验 / 68

    3.3.3 情感交互与体验 / 71

3.4 本章小结 / 72

第4章 交互技术 / 73

4.1 交互软件 / 73

    4.1.1 编程语言 / 74

    4.1.2 创意交互编程开发及使用工具 / 76

4.2 交互硬件 / 83

    4.2.1 micro:bit / 84

    4.2.2 Arduino / 85

4.3 智能交互前沿技术 / 86

    4.3.1 多点触控/多重触控交互技术 / 87

    4.3.2 智能语音交互技术 / 89

    4.3.3 动作交互技术 / 90

    4.3.4 眼动交互技术 / 93

目 录

    4.3.5　虚拟现实技术 / 94
    4.3.6　多模态交互技术 / 97
  4.4　人工智能对创意交互设计的影响 / 99
  4.5　本章小结 / 100

第5章　创意交互设计案例 / 101

  5.1　设计方案 / 101
  5.2　概念方案（交互语义）/ 101
  5.3　素材的收集、选择（交互语汇）/ 105
  5.4　创意交互设计与制作（交互语法）/ 106
    5.4.1　低保真原型设计 / 107
    5.4.2　高保真原型设计 / 109
  5.5　案例一：游戏《孙悟空三打白骨精》/ 111
  5.6　案例二：交互海报《点线面》/ 118
  5.7　案例三：交互海报《抑·愈》/ 121
  5.8　本章小结 / 126

第6章　作品赏析 / 127

  6.1　欧内斯特·埃德蒙兹 / 128
  6.2　肖恩·克拉克 / 131
  6.3　安德鲁·约翰斯顿 / 135
  6.4　安迪·洛玛斯 / 137
  6.5　达米安·布罗维克 / 140
  6.6　埃斯特·罗林森 / 142
  6.7　吉乃狄克·莫 / 147
  6.8　史蒂芬·贝尔 / 150
  6.9　无聊研究 Boredom Research / 153
  6.10　威廉·莱瑟姆 / 156
  6.11　珍·西温克 / 159

6.12 露丝·吉布森和布鲁诺·马特利 / 162

6.13 千核科技 / 165

6.14 罗德尼·贝瑞 / 168

6.15 纪毅 / 172

参考文献 / 176

致谢 / 181

第 1 章 交互设计概述

本章主要介绍面向用户的人机交互产生有意义和有效交互的方法、以用户为中心的系统设计模式,以及如何组织上下文相关的交互内容和用户的交互行为来创建更有意义的交互设计。

1.1 交互的概念

简单来说,交互可以理解为相互作用实体之间的相互作用或影响,交互的实体可以是无意识的物理对象或人。从物理学的角度来看,相互作用是由接触的物体之间产生的力组成的。人与人之间的互动是相关主体活动的总和,如说、做手势、听、看。如果一个系统能够模拟物理对象或人,并且能够感知人类的行为和意图,那么人们可以使用他们在现实生活中使用的自然交互方式与交互产品进行交互,这是决定人在与交互产品的互动中能否达到期望满意度水平的关键。人与交互产品的交互层面如图 1-1 所示。

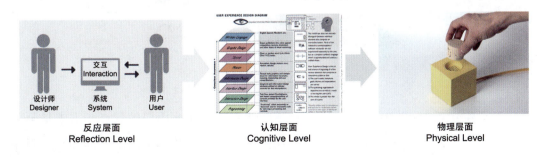

图 1-1　人与交互产品的交互层面

创意交互设计与开发

没有人与环境的互动，就无法感知和构建知识。身体运动是一种表达方式和探索世界的工具，因此人机交互所依赖的范式是建立在人与人之间的自然交互基础上的。

1.1.1 有意义的互动

一直以来，许多研究人员都认为人机交互的设计本质上是一个交流的过程。例如，Langdon等人认为可用和可访问的产品需要匹配用户对产品的理解和需求[1]。交互设计作为控制和实现人机对话的一种方式，已经成为人机交互的重要方式，并被许多设计师和研究人员所接受[2]。在这种方式中，设计师组合不同的对象来传达不同的内容和意义，从而创造出不同的交互艺术品[3]。因此，交互产品应是设计师向用户传达的一种信息，代表设计师解决的关于用户的问题、需求和偏好。通过这样的信息，设计师直接或间接地告诉用户其构思和设计该交互产品时的想法[4]。交互产品设计架构如图1-2所示。

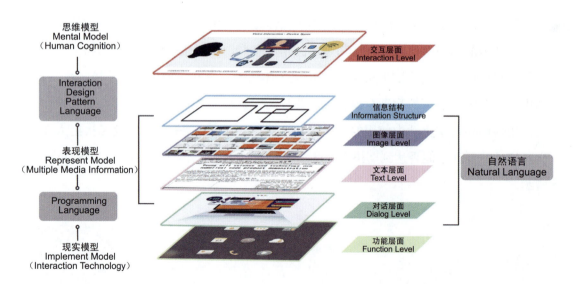

图1-2 交互产品设计架构

为了建立双方相互理解且有效的对话，在交流中理解用户的观点和需求是至关重要的。在人们面对面的交流中，对话被视为一种协作活动，用来帮助参与者们建立相互理解且有效的对话[5]。当下，一些技术开发及广泛使用的设计方法侧重于根据用户的角度和需求设计交互产品。这些方法包括：计算机支持的协同工作（Computer-

Supported Cooperative Work，CSCW)、以用户为中心的设计（User Centered Design，UCD）和用户体验设计（User Experience Design，UED）。而且，这些方法侧重于帮助计算机更好地支持人类工作[6]。还有一些方法，如 Emotional Design 情感设计则侧重于构建理想的用户体验模型，包括以用户特征为基础的用户体验设计（UXD）[7]。然而，在已建立的人机交互系统中，与设计师相比，用户对计算机上运行程序的更改能力较弱。此外，Langdon 指出："……目前许多设计师没有使用任何工具来支持他们将产品的预期设计与用户对所使用产品的理解相匹配。"[1] 更确切地说，目前的人机交互产品是不平衡和不完整的[7]。

这种不平衡反映出有效的人机交互应建立在以用户为中心的交流之上，包括众多交流参与者之间的展示、讨论、分歧和协作。这些参与者包括设计师、用户、软件工程师和参与开发特定交互产品的其他人群。为了纠正这种不平衡，需要深入了解人们在日常交流中的行为，这就要求探索人类的交流是如何被定义和构建的。

1.1.2　人际交往及其构建基础

广义的人际沟通是"经验的分享"，而人际沟通又是人们沟通的基本模式[5]，经常表示成我们分享经验的方式。为了系统地了解如何在不同的交际参与者之间建立有效的互动，其中包括人与交互产品之间的沟通，要先研究人们在日常生活中的人际交往及其特征[8]。

人际交往以交流过程中参与者的需求得到理解为基础，贯彻支持并满足交流参与者的期望或目的。

人们的交流是多模态的，它结合了语言和非语言的互动。Stivers 和 Sidnell 指出，从互动的定义上讲，面对面的互动是多模态互动，参与者可以捕捉到一系列有意义的面部表情、手势、身体姿势、头部运动、单词、语法结构和韵律轮廓[9]。Kendon 进一步解释了多模态人际沟通是通过以下过程建立起来的："过渡到意有所指的表情或类似语言的表达并涉及作为一个整体的手、身体、脸、声音和嘴巴的变化。现代人们在进行面对面交流的时候，总是把面部表情、肢体动作和声音结合在一起形成复杂的组合排列来表达出他们的意思。每一种使用到语言的表达方式都把语音和语调的模式完全地融合在一起。停顿和节奏不仅表现在听觉上，也表现在运动上……"[10]

创意交互设计与开发

因此，有效的人际交往建立在语言和非语言互动的综合沟通中。这包含两个基本因素：一是可以支持人们交流的有效共同语言；二是为了相互沟通而在不同层次上构建相互理解的交流基础共同点。下面先研究语言的基本功能，即人们如何使用语言进行交流，语言是如何决定人们的行为方式的[11-12]；再探讨人们如何通过整合语言和非语言的互动来建立各种共同的交流基础。

1. 人类对话中的语言应用

语言是最重要的沟通方式，因为语言帮助人们处理信息、与他人分享，并指导他们的行为[11]。我们日常的语言交际可以定义为一种理性的、合作性的活动，可以帮助交际参与者进行有效的沟通与合作。参与交际活动的人们在交流中具有一定的角色，这些角色进一步决定了他们的交际活动[13]。换句话说，会话参与者的行为是有意的、有目的的和有意控制的。

日常生活中人们虽然意识到他们使用语言进行交流与沟通，但他们几乎意识不到他们在说话、倾听或阅读时发生了什么事。Krippendorff认为，语言的使用可以从以下4个方面进行概括[12]：

- 符号与符号系统；
- 个人表达的媒体；
- 说明的媒体；
- 协调语言使用者的感知和行动的过程。

可以看到，在人们的自然交际中，语言根据会话参与者的需求，扮演不同的角色，发挥不同的功能，可以根据会话参与者的需求来支持不同的交际活动。下面具体分析语言是什么。

首先，语言是由符号组成的系统，是表示物理世界中所指对象的媒体。Halliday认为，语言是基于功能语言学系统（System - Functional Linguistics，SFL）来表达知识或表达意义的工具。从这个角度看，语言是一种用于记录特定信息的媒体，对不同的人来说具有不一样的意义[14]。

其次，语言是个体表达的媒体。语言用来表达人们对外部世界的个人体验与自身意识的内部世界相结合的内容。正如Halliday指出的，语言可以发挥一种"观念功能"，为体验提供一个观察世界的模式结构，进而帮助人们确立他们看待事物的方式[14]。因此，人们可以掌握并利用语言来表达他们的思想与经验，达到与他人交流的目的，如图1-3所示。在日常的人际交往中，人们可以通过结合词汇、语法等语言的各种基本元素，根据自己的意图来表达自己的意思。

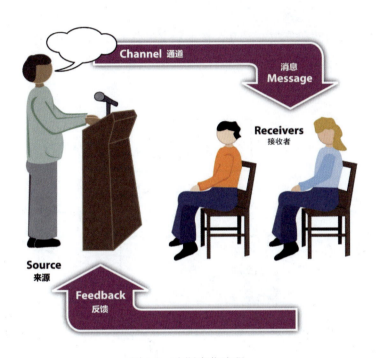

图1-3 人际交往流程

最后，语言是人们相互协调感知和行动的一种方式，也是交流参与者依赖的工具。语言协助人们构建对彼此的感知及对艺术作品本身概念的理解。Pappas指出[15]："语言不是一种工具，而是一种真正的媒体，是理解的中介物，是人类能够形成共同理解的基础，这包括从艺术团体到哲学运动的理解，再到最严格的科学和学术界的理解[15]。"基于这一重要前提，本书希望能够通过对语言和语言学在这一新的"语言"形成过程中所起的重要作用的认识，使读者能深入地认识到这一新的"语言"。

在人机交互领域，交互语言的应用在人机交互中应起到非常重要的作用，具体来说就是协调人的感知和交互产品的行动，使两者产生有意义的交互行为。一方面，人们将有意义的交互重新组合产生了新的互动内容；另一方面，交互产品依赖语言来针对交互参与者的想法和行为做出可解释的合理性反馈。

2. 自然交互的基础

使用语言构建人们交流的共同点是我们要强调的主要内容,并为进一步的对话创造新的共同点[16]。通过对人们日常交流的研究,我们认识到用户的交互体验和反应在交互过程中会不断发生变化。此外,用户的体验和反应是由每个用户对其交互的观点和理解所主导的。例如,对象和概念被放置在不断演化的分类空间中,这些分类空间进一步生成不同的类和子类。对象的语义图像从形状、颜色、纹理、位置、声音等多个方面反映对象的属性和分类。交互个体的语义图像[17]是个体分类空间中的对象或节点的网络,"规则"是两个节点之间的直接或间接关系,如图1-4所示。

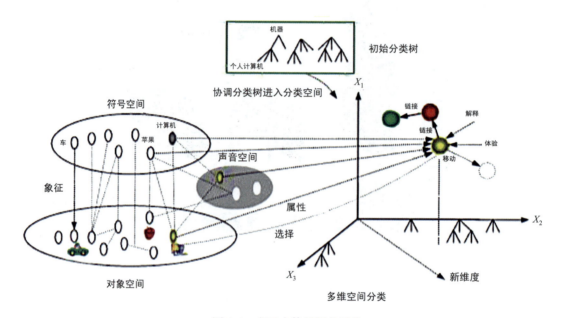

图1-4 交互个体的语义图像

在当前的人机交互设计实践中,交互概念是通过整合各种交互语义形成的,并在两个层面上传递给终端用户:一是物理层面,指交互产物在可用性方面的属性;二是以用户与产品交互的体验为中心的认知层面。目前,在交互设计领域中,为了实现上述的交互设计概念,设计师使用不同语言的词汇、语法来构建这些交互语义,并将其交付给不同层次的终端用户。例如,使用编程语言来实现与用户物理交互相关的以对象为中心的交互概念。同时,基于用户的认知体验,他们采用模式语言来构建以体验为中心的交互概念。具体来说,这些交互语法通过定义交互产品和用户的操作来形成用户和交互产品之间的交互关系,即通过什么手段、如何满足具有特定意义的交互。

因此，设计师构建和设计交互，就像简述勾画交互的故事一样，描述用户如何完成不同任务的过程。

1.2 人机交互的层次与发展

1.2.1 人机交互的层次

人机交互是研究机器和用户之间交互关系的技术。其中，机器既指计算机的软件和操作系统，又包含日常生活中各种各样的交互产品。在交互过程中，用户通过和各类操作界面的交互，产生一系列输入和输出，然后完成具体的任务和目的。人机交互是广受关注的交叉学科领域，涉及计算机科学、其他研究领域和应用领域，是对人类使用的交互式计算系统进行设计、评估和实现，并对其所涉及的主要现象进行研究的学科，如图1-5所示。概括地说，人机交互是一门研究系统与用户之间交互关系的学问。

人机交互的研究目标与内容具有很强的跨界性，涉及领域众多，如心理学、认知科学、传播学、资讯科学、资讯系统、软件工程、工程学、计算机辅助协同作业、社会科学（社会学、人类学）、人因工程、工业设计、产品设计、艺术、平面设计等。

人机交互设计工作利用设计方法与创意，让产品（服务）能妥善帮助用户，促进人机之间双向沟通，以实现无障碍沟通，同时探索用户与机器的合作方法，寻找一致目标导向。人机交互的发展经历了多个阶段，是从"以设备为主"到"以人的需求为核心"、从"人适应技术"发展为"技术适应人"且尽可能满足个体化需求的过程，具体如下所述。

1. 人机交互的第一层次

人机交互最初是简单交互，这个时期强调输入或输出机器信息的准确性，很少考虑到人在交互过程中发挥的巨大作用。早期人机交互的特点是由设计者本人（或本部门同事）来使用计算机。他们采用手工操作和依赖特定设备（二进制机器）的方法。交互的特点是计算机的主要使用者——程序员采用批处理作业语言或交互命令语言的

创意交互设计与开发

方式和计算机打交道,虽然要记忆许多命令和熟练地"敲"键盘,但已经可以用较方便的手段来调试程序、了解计算机执行情况。

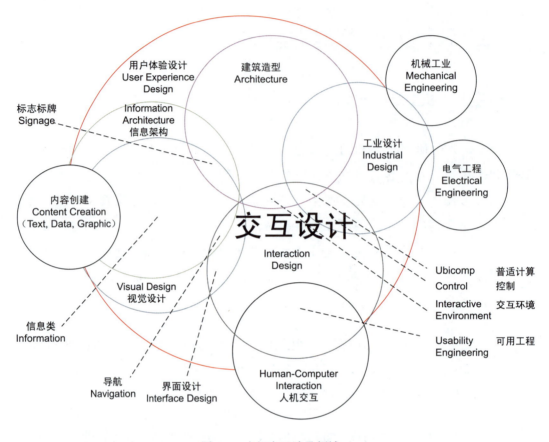

图1-5 人机交互涉及领域

2. 人机交互的第二层次

人机交互第二层次的核心是:体验性(满足的、有趣的、愉悦的、助益的、启发动机的、激发创造力的、有回报的)。例如,现在提到的图形用户界面(Graphical User Interface,GUI)泛指WIMP界面,包括窗口、图标、菜单和指点设备。GUI的主要特点是桌面比拟、桌面隐喻、WIMP技术、直接操纵和所见即所得(What You See Is What You Get,WYSIWYG)。如图1-6所示,由于GUI简明易学、减少了"敲"键盘的次数、实现了"事实上的标准化",因此使不懂计算机技术的普通用户也可以熟练地应用,开拓了用户人群。它的出现使信息产业得到了空前的发展。

第 1 章 交互设计概述

图 1-6 GUI

3. 人机交互的第三层次

人机交互第三层次的核心是人类个性化的工作特征和认知习惯（隐性的、深层次的）。以虚拟现实为代表的计算机系统的拟人化和以手持计算机、智能手机为代表的计算机的微型化、随身化、嵌入化，是当前计算机的两个重要发展趋势。基于人的多种感觉通道和动作通道（如语音、手写、姿势、视线、表情等输入）的多媒体的智能人机交互阶段/自然用户界面（Natural User Interface）的主要特点，以最自然的方式（语音、面部表情、动作手势、移动身体、旋转头部等）与计算机环境进行交互，可以提高人机交互的自然性和高效性，如图1-7所示。

图 1-7 不同种类的交互界面

1.2.2 人机交互的发展

1. 初始期：1959—1969年

1959年，B. Shackel从人在操作计算机时如何能缓解疲劳出发，撰写了被认为是关于人机界面方面第一篇论文的 *Ergonomics for a computer*。1960年，麻省理工学院Liklider JCR发表了人机紧密共栖（Human-Computer Close Symbiosis）的概念与论文。1962年，Ivan Sutherland发明了SKETCHPAD系统。1963年，D. Engelbart发明了鼠标，如图1-8所示。

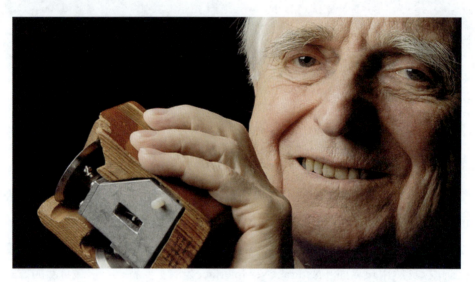

图1-8 D.Engelbart 和第一代鼠标

基于以上发明的影响人类历史的一系列产品也纷纷出现。1969年，英国剑桥大学召开第一次人机系统国际会议（International Symposium on Man-Machine Systems）。同年，第一份专业期刊《国际人机系统研究》（*International Journal of Man-Machine Studies*，IJMMS）出版，于1994年改名为IJHCS（*International Journal of Human-Computing Studies*），如图1-9所示。1969年是人机界面学发展的里程碑，预示着人机交互学科步入新的时代。

2. 奠基期：1970—1979年

随着对人机交互的研究更加深入，*Man-computer problem solving：Experimental evaluation of time sharing and batch processing*（H. Sackman，1970年），*The psychology of computer programming*（G. Weinberg，1971年），*Understanding natural language*（T.Winigrad，1972年），*Design of Man-Computer Dialogues*（J. Martin，1973年），这4本与计算机相关的人机工程学专著陆续出版，为人机交互的发展指明了方向。1979年，成立了两个重要的研究中心：英国-胡萨特研究中心和帕洛阿尔托-施乐研究中心，并且出现了GUI桌面比拟的概念。

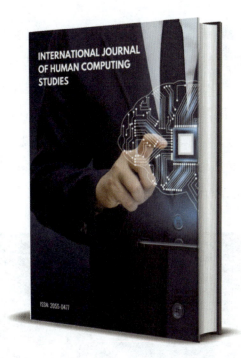

图1-9 IJHCS

3. 发展期：1980—1995年

在发展期，一系列经典理论著作的出现推动了人机交互学科的发展。代表性研究成果有：*Visual Display Terminals*：*A Manual Covering Ergonomics*，*Workplace Design*，*Health and Safety*，*Task Organization*（A. Cakir，D. Hart，T. Stewart，1980年）；*Designing Systems for People*（L. Damodaran，A. Simpson，P. Wilson，1980年）；*Human Interaction with Computer*（H. T. Smith，T. R. G. Green，1980年）。1982年，期刊*Behavior and information technology*发行；1982年，设计师Bill Moggridge研发了第一台贝壳式笔记本计算机GRID Computer，并第一次用"交互设计"（interaction design）来描述他的工作；1985年，期刊*Human-computer interaction*发行；1985年开始，国际人机交互大会（International Conference on Human-computer Interaction）每两年召开一次；1988年，

创意交互设计与开发

Handbook of Human-Computer Interaction 第一版出版，作者是 Helander；1989年，期刊 Interacting with Computers 发行；1989年，期刊 International joural of Human-computer Interaction 发行；1994年，期刊 Transactions on Computer and Human Interaction（ACM）发行；1994年，期刊 Interaction（ACM）发行；1995年，《数字化生存》（Being Digital）出版。

以上这些总结了当时最新的人机交互研究成果，人机交互学科逐渐形成了自己的理论体系和实践范畴的架构。在理论体系方面，从人机工程学、人体工效学领域独立出来，更加强调与认知心理学、行为学、社会学、文化研究等学科交叉，寻求理论指导；在实践范畴方面，从人机界面（人机接口）拓展开来，强调计算机对于人的反馈交互作用；作为学科基础，进一步催生出交互设计等实践性更强的学科，人机界面一词被人机交互所取代。HCI中的I也由Interface（界面/接口）变成了Interaction（交互），交互界面如图1-10所示。

图1-10 交互界面

4．提高期：1996年至今

随着高速处理芯片、多媒体技术和互联网技术的迅速发展和普及，人机交互的研究重点放在了智能化交互、多模态（多通道）-多媒体交互、虚拟交互及人机协同交互等方面。人机交互更侧重以人为研究目标中心，主要特点是基于声音、手写体、姿势、视线跟踪、表情等输入手段的多模态交互，目的是使人能以声音、动作、表情等自然方式进行智能交互操作。

1993年，第一个图形化的网络浏览器Mosaic上市，开启了图形化网络浏览器主导的时代。1999年，麻省理工学院的Auto-ID Center开始具体研究物联网、车联网和普适计算等问题。2005年，以Arduino为代表的开源硬件项目使人机交互的硬件门槛极大降低，促生了大量的DIY和MAKER项目。2007年，第一代iPhone上市（如图1-11所示），电容触摸屏智能终端设备开始流行，诺基亚、黑莓等以传统按键作为产品特征的手机企业走向衰落。2010年，微软第一代动作捕捉设备Kinect上市（如图1-12所示），2013年手势捕捉设备Leap Motion上市，开启了体感交互的新时代。2013年，Google眼镜（如图1-13所示）项目引发了AR/VR项目的大爆发。2016年，虚拟现实硬件产品和配套软件服务井喷式发展，这一年被称为"虚拟现实技术元年"。

图 1-11　第一代 iPhone

图 1-12　Kinect

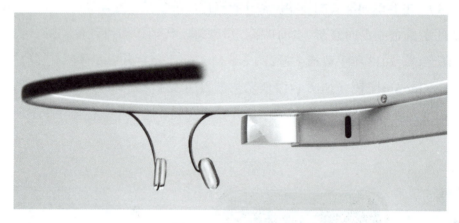

图 1-13　Google 眼镜

1.3　什么是交互设计

1.3.1　交互设计定义

交互设计就是"优化用户与系统、环境或产品的交互,以有效、实用的方式支持和扩展用户的活动"[18]。目前,人机交互的关注点已经由产品的可用性和功能性转变成用户体验的质量[19-20]。Harrison 等人确定了 HCI 的三种范式,第一种是"人因工程",第二种是"认知革命",第三种是"情境视角"[21]。

向第三种范式转换的变化是显而易见的,主要体现在:第一,对用户环境动态特性认识的增强;第二,更多在社会性和互动情境中;第三,与学习认知环境有关的问题；第四，在非任务型导向信息处理中的技术（如环境接口和以经验为中心的设计）；第五，情感在人机交互中的作用[20]。因此，要创造人机交互产品，必须超越狭隘的可用性范畴，考虑提高和增强人们的工作效率、交流水平和使用乐趣程度[7]。

Preece 和 Rogers 认为交互设计包含几个重要的步骤。这些步骤包括：根据目标和意图招揽客户；制定不同的任务和子任务；在执行这些任务的同时在物质层面上得到反馈，并进行情感上的反馈思考[19]。在设计过程中，设计师必须认识到影响任何产品和环境交互的用户体验过程中的每一个因素[22]。Norman 表明，一般这些因素在三个不同层面上发挥作用：本能层面、行为层面和反思层面[23]；如果产品能够满足用户以上三个层面的需求，设计师就可能创造出具有感染力的交互产品[24-25]，如图 1-14 所示。

图 1-14　不同层面的交互需求（Norman）

设计有效的交互产品的主要目的是将用户特征、硬件属性、交互情景等各种关键因素以合适的方式结合起来，构建独特的人机交互框架，帮助用户实现自己的需求和目标。其中关键的挑战是：如何建立交互关系，以自然的方式激发用户对交互产品的品质、影响和情感的期望感知。

1.3.2　交互设计模式

交互设计中有许多不同的设计模式。基本上，这些模式可以分为三类：以系统为中心、以人为中心[26]和以交互为中心[27]。这些设计方法关注人机交互的不同方面，并产生不同的交互模型。

1. 以系统为中心的交互设计模式

以系统为中心的交互设计模式旨在从系统化数据或信息建模的角度捕捉抽象的

创意交互设计与开发

关键特性。它强调产品的可用性、技术功能和交互的效率[26]。它所表示的交互是工具交互（如图1-15所示），它是使用以系统为中心的设计方法构建的，可以直接操作[28]。系统架构图用于提供一个抽象的交互流程，帮助设计师编写代码使系统在特定情况下给出相应的反应，从而确保系统行为的适时性。图1-16所示为绘图系统信息架构图，其核心思想是保证用户任务序列的逻辑充分性，并以有意义的方式对这些操作序列进行建模[27]。

图1-15　工具交互

遵循以系统为中心的设计方法，设计师依靠相关学科知识，包括人体解剖学、生理学和心理学的人机工程学，来构建一个特定的交互系统。人机工程学是以系统为中心的交互模型的重要组成部分。正如Jokinen所指出的，人类工程学的目标是将科学信息应用到物体、系统和环境的设计中，以便用户考虑到能力和局限性[27]。在许多情况下，人机工程学应用于交互和软件设计中，帮助最终用户轻松理解和熟悉操作系统的功能。Ryu和Monk描述了一些重要的以系统为中心的交互设计框架[25]。

尽管人机工程学可以帮助设计师以逻辑的方式理解和建模用户的任务序列，但这些模型并不适应用户在使用系统时实际要做的事情[29]。换言之，通常情况下不考虑用户个性化的行为和交互形式的需要[30]。我们可以理解为，以系统为中心的设计模式依赖设计师对用户活动和任务的观察和个人理解，然后设计解决方案。因此，只有在设计师可以预见的情况下才能帮助用户通过操作特定工具来完成任务。例如，使用以系统为中心的设计模式设计的交互模型被表示为一种直接操作，它引入了工具作为用户

第 1 章 交互设计概述

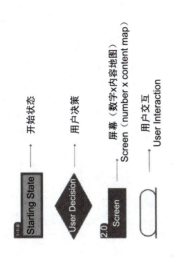

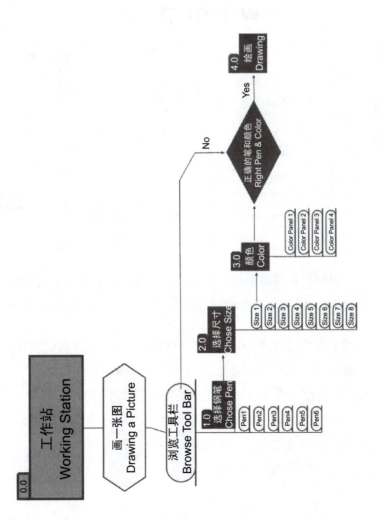

图 1-16 绘图系统信息架构图

创意交互设计与开发

和目标对象之间的中介。它的灵感来源于人类每天使用工具、仪器和设备在物质世界上操作,而不是使用我们身体的经验。

基于直接操作的原理[31],数字对象被嵌入一个静态接口中,这样它们就可以类似于物理世界中的对象操作的方式进行交互。在这样的过程中,直接操作界面,如Windows图标鼠标指针(WIMP,如图1-17所示)和GUI被假定为使用户能够感觉到他们正在直接操作由计算机表示的数字对象。其中的三个核心原则是[32]:

- 持续表示感兴趣的对象和行为;
- 快速可逆的增量动作,对感兴趣的对象有即时反馈;
- 物理操作和按下按钮,而不是发出复杂语法的命令。

图 1-17 WIMP

根据这些原则,当用户对屏幕上的对象执行物理操作时,屏幕上的对象保持可见,并且对其执行的任何操作效果都立即可见。例如,Windows界面如图1-18所示。

以系统为中心的交互设计模式的优点是交互快速、高效、直观。例如,保存、删除和组织文件的重复操作。如前所述,直接操作的重要特征是它依赖以系统为中心的方法,重点是直接操作模型。许多应用程序是基于直接操作开发的,包括文字处理器、虚拟现实、视频游戏和图像编辑工具[19]。直接操作模型的一个成功例子是桌面工作环境。苹果公司是最早探索以直接交互模式为中心开发操作系统的公司之一。这种类型的交互模式已经使用了30年,如图1-19所示。

图 1-18　Windows 界面

图 1-19　OS X 和 iOS 的交互模式界面

以系统为中心的交互设计模式的缺点是不能适应用户的动态响应。这是因为直接操作执行一系列动作（即指令和操作），每一个动作都以预定义的格式形成，描述用户如何通过遵循指导系统对用户命令响应的系统结构来执行其任务。这意味着用户的命令是以一个封闭的顺序执行的，带有预定义的系统响应-仪器接口。操作的重点是操作对象，并利用了用户在物理世界中如何操作对象的知识。这可以通过多种方式完成，包括输入命令、在WIMP交互环境或多触摸屏上从菜单中选择选项、说出命令、做手势、按下按钮或使用功能键组合。

2. 以人为中心的交互设计模式

以人为中心的交互活动始于人们对人机交互的研究[33]。交互设计的一个主要任务是将科技世界与人类世界结合起来[34]。Rogers等人指出，交互设计的重点是设计出一种可以增强和扩展人们沟通、交互和工作方式的交互产品[18]。同样地，交互设计的基本目的是帮助用户与系统进行有效的沟通。Allen Cooper等人认为，这是通过定义系统对用户交互的操作反馈来实现的，从而创建一个基于真实用户（目标、任务、经验、需求和期望）理解的有意义的对话模式，使这些需求在业务目标和技术能力之间达到平衡的状态[35]，如图1-20所示。研究表明，构建有意义的人机交互模式，产生令人满意的用户体验，需要交互方式尽可能与日常沟通的方式相同。这种沟通应遵循人际互动的原则，主要体现在两个方面：一是支持不同层次的沟通；二是引导用户获得预期的情感体验。以人为中心的交互设计模式强调用户在设计周期中的作用，用户通过参与原型的设计和测试来获得所需的经验。

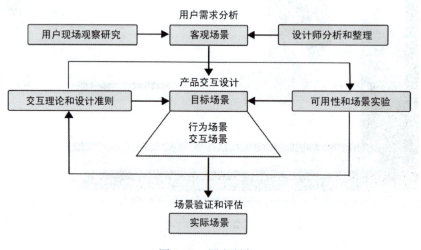

图1-20 用户研究

以人为中心的交互设计模式的本质是预测用户希望如何与外部世界交互，在不同的阶段可能会考虑到用户[36]。例如，在设计周期的早期考虑用户，以便提供有关所需特性的信息,如图1-21所示,并在早期阶段影响系统开发。之后,交互设计开发通过迭代进行改进,用户反馈用于修改和进一步阐述初始设计概念[19]。以人为中心的交互设计的重点是在人类认知心理学的基础上产生不同的用户模型,如图1-22所示,这些模型被用来产生人机交互。例如,诺曼根据认知加工理论,从认知科学中发展了许多用户交互模型。这些都是为了解释用户与互动艺术品互动的方式。该模型包括7个动作步骤[23],描述用户如何从概念性的想法转变为执行实现目标所需的物理动作,如图1-23所示。

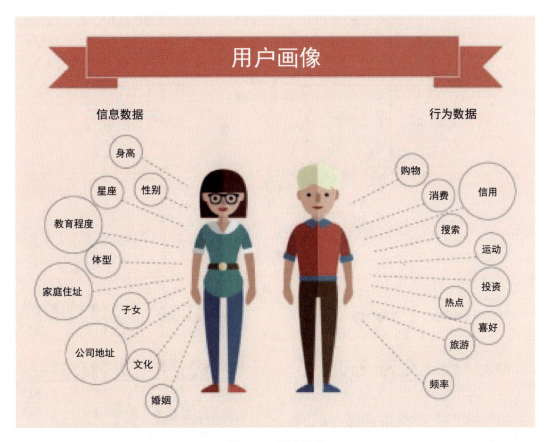

图 1-21　用户画像

设计师利用不同的技术来分析用户的想法和需求,包括人工智能、机器学习和人类学等。使用人工智能和机器学习研究的一个主要目的是在计算机中体现拟人化的交互模式,以配合用户完成特定的任务。一些研究成果已被应用于不同领域,如情感计算和自然交互界面(Natural User Interface,如图1-24所示)。另外,设计师还采用人类

创意交互设计与开发

学研究技术,如观察、访谈和人物角色,以理解和概念化目标用户及其与交互产品相关的需求[37]。然而,在许多情况下,问题在于用户建模过于宽泛,因此,当一个人建立了用户假设的完整模型,然后根据系统的单独模型对其进行测试时,模型很难满足所有用户的需求[27]。因为人们研究人类认知和人类交流的传统方式(如文档分析和自然语言处理方法),试图从文本和数据中获取语义,而这些文本和数据包含人类层面或社会层面语义的能力有限,如图1-25所示。

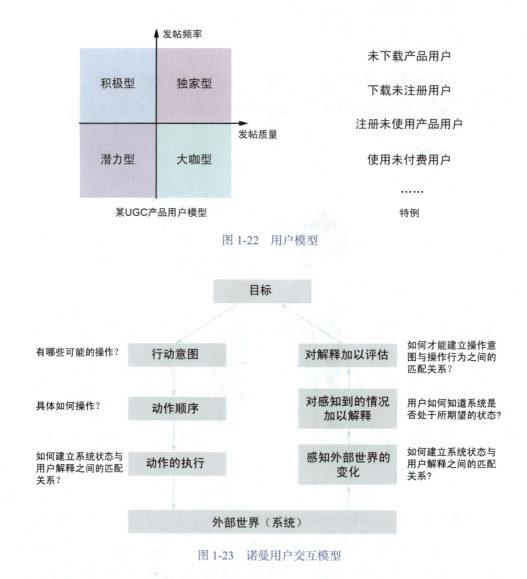

图1-22 用户模型

图1-23 诺曼用户交互模型

研究结果表明,尽管许多系统被认为高度可定制化,但很少有系统支持个性化的人机交互。例如,一些系统扩展了从不同菜单集中选择的范围,允许用户更改菜单标签、按键绑定和菜单组合,甚至创建特定工作界面,但用户只能使用开发人员提供的功能,无法有效地自定义系统的实际行为。

图 1-24　自然交互界面

图 1-25　自然语言处理

3. 以交互为中心的交互设计模式

以交互为中心的交互设计模式从用户认知系统的知识和人机交互的质量两方面描述交互,明确考虑了用户行为对交互系统的影响及由此产生的系统反馈对用户的影响[27]。由此产生的交互是表达性交互,用于帮助用户构建其与产品的关系[30]。

以交互为中心的交互设计模式，在交互的第二层（个性化交互层）包含用户的认知过程和对交互系统的响应，用于实现更有用的抽象层。Monk 和 Dix 的三角模型描述了对应模型的初步视图，如图 1-26 所示。Monk 和 Dix 提供了一个将文档保存到软盘上的示例及相关的状态描述，以演示这个交互模型。要完成此任务，用户需要将文档保存到软盘上，然后用户将寻求相关行动来实现这一目标。在这种情况下，用户可能会通过菜单查找"文件"，所选操作会触发系统的交互效果。例如，当用户从下拉菜单中查找文件时，将显示新的系统效果，感知这些更改，并生成新目标或消除旧目标（目标路径的效果）。新的目标启动另一个循环，直到原始目标完成为止[36]。

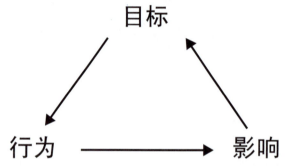

图 1-26 三角模型

从这个角度来看，互动需要增强交互的信息度和意义，并允许比在单传递方式（如预定义的界面）中可能传达的更复杂的信息。在这种观点下，互动语境中的交互内容会变得更加复杂。建立自然交互的方法是以个人的方式设计和建立人机交互。Ryu 和 Monk 认为，这种方法将建立人类和计算机之间更有效的协作[25]。Forlizzi 和 Ford 将这种类型的交互定义为表达性交互，它有两个显著的特点[37]：第一，交互为用户提供了一个机会，参与者可以用自己的语言来陈述他们想做什么，就像人们想和另一个人合作完成一件事情一样；第二，交互使参与者能够通过与计算机协作以不同的方式解决问题。

因此，表现性交互不仅执行一系列命令，还涉及用户定义和探索执行任务的方式，并协助完成任务。更重要的是，所有的人机交互都是根据到目前为止执行的交互进行上下文解释的，这样系统就可以预测用户的需求，并提供最符合用户目标的响应，如构建一个交互认知的体系。Suchman指出，人机交互需要"解释行为结构与物理、社会环境所提供的资源和约束之间的关系"[30]。这样可以为人机交互创建一个新的交互范式。

1.4 本章小结

本章介绍了交互的基本概念及其本质。首先，系统分析了人与人之间的交流原理，并确定了自然交互的一些重要特征，这些特征可以作为设计人机交互的指导原则。其次，通过对人机交互历史的概述，指出人机交互可以看成一种交流情境，参与者对交流的过程有各种各样的意图和期望。再次，对当前交互设计模式进行了梳理和分析，指出当前交互设计所面临的问题。最后，针对不同的交互设计模式进行了深入的介绍和分析，并指出交互的重要原则是产生不同的交互体验，并影响人机交互的质量。

第 2 章 互动媒体设计

互动媒体是一种新的媒体形式。本章首先介绍互动媒体的概念，然后介绍互动媒体设计的基本元素，包括视觉元素、听觉元素和触觉元素，最后介绍互动媒体设计方法。

2.1 互动媒体概述

2.1.1 互动媒体的概念

"互动"是现代汉语中的一个新词，起源于英文单词"interactive"，指的是人与人情感或行为之间相互作用、相互影响[38]。然而在信息化发展的背景下，信息等其他事物逐渐情感化，互动不再局限于人与人之间。人与信息之间的互动，是互动媒体的核心，是所有形式互动媒体的本质属性[39]。"媒体"（与媒介相似，且都来源于英文单词"media"）是指传播信息的工具[40-41]。人类为了提高信息的传达和接收能力，让信息传递更高效、更广泛，把传播的媒体当成生物器官的延伸[42]。不同于传统媒体呈现出的是"信息传达-信息接收"单线程的信息传播，互动媒体强调的是相互作用及沟通，额外包含主动的信息输入和信息反馈，具有"非线程"的交互性[43]。

互动媒体（Interactive Media）从诞生之初就存在着很多相关的定义和解释，通常是指在通信技术飞速发展的新媒体环境下，通过数字媒体、人机交互、人工智能、大数据、互联网等技术和方式的协同作用，进行信息的承载、解读、重构及传达，最终以视觉、听觉、触觉等多种感官进行交互的一种新媒体形式[40]。从信息传达原理上，互动媒体具有一种将外界物理信息输入并转化为计算机能够理解的信号，再通过计算机的翻译将信号转化为人们可以视听和感受的物理信息，实现信息的"输入-处理-

输出"(如图 2-1 所示),从而达到使人与信息互动目的的传达方式。英国 ATSF White Paper 定义互动媒体为:互动媒体将包括电子文本、图形、动画和声音的组合的数字媒体整合到一个结构化、数字化、计算机化的环境中,使人们能够出于适当的目的与数据进行交互。数字环境包括互联网、电信和交互式数字电视等[41]。

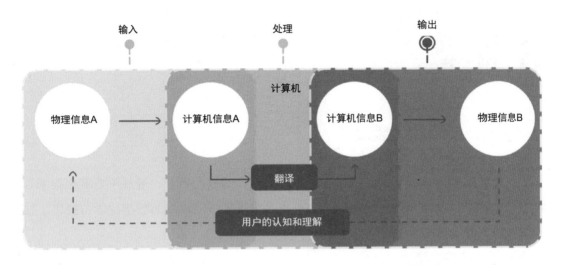

图 2-1 信息的"输入-处理-输出"

从上述的定义可知,互动媒体的概念可以从传播原理、传播方式和与用户互动三个维度来理解。从传播原理上讲,互动媒体以计算机为工具,以数字化为传播的基础;从传播方式上讲,互动媒体的信息内容是系统化的,信息传达的形态和传达信息的设备及二者的组合是多种多样的;在与用户的互动中,互动媒体着重强调信息与用户之间的相互影响,用户的操作会影响呈现信息的内容,反过来,信息的内容也能够主动影响用户的判断、情感和操作[44]。

关于互动媒体,还存在多个相关的概念,如新媒体、数字媒体等。"新媒体"是利用数字技术、网络技术,以计算机为转化渠道向用户提供信息和服务的,是相对于传统媒体而言的概念,也被称为"数字化新媒体"[45]。然而,由于它本身的词意具有一定的相对性和时代特征,即"新"是相对"旧"而言的,因此严格来讲,新媒体也是一个不断变化的概念。数字媒体即通过计算机产生、接收和处理信息并进行传播和传达的媒体形式[46]。这一概念包含两个核心:"数字化手段"和"起到媒体的作用"。这与"凡是基于数字技术在传媒领域的应用而产生的新媒体形态即是新媒体"的概念较为接近。但数字媒体是一个较为固定的概念,可以反映区分出数字化的时代特质。

创意交互设计与开发

然而，从"起到媒体的作用"这一核心来讲，这些概念都没有侧重关注"互动"这个关键点。

本章侧重介绍互动媒体交互本体的设计，以数字化为基础和手段，强调"用户-媒体-信息"之间的互动性，探索三者之间主动的相互作用、相互影响和相互改变的方式。本章中，互动媒体并不只是在数字化技术方面推陈出新，还站在当代时兴的数字化技术背景下突出互动性。因此，下面将着重从互动媒体自身的特色及模式的角度分析互动媒体设计。

2.1.2 互动媒体的发展

互动媒体产业在教育、艺术、服务体验等方面的日益繁荣，得益于数字化技术与各个领域之间的交流与融合。例如，信息技术突飞猛进的发展为数字化学习提供了技术支持，为互动体验式学习的发展创造了机会，如图2-2所示。

图2-2　互动体验式学习

与此同时，传统的以"教"为主的单向教学模式也逐渐走向"以学习者为导向"的主动学习模式[42]。这促进了互动媒体产业在教学中的发展。通过文献分析、资料查阅等可以发现，互动媒体自诞生开始，一直为艺术的展示、传承和创新服务，也致力于消除艺术与人之间的信息隔阂;让艺术不再局限于艺术家的自我情感表达,打破了参观者与艺术品之间的玻璃墙,让人们能够更清楚地去观察、体会和感受艺术。互动媒体强调参观者与艺术品之间的互动,使艺术的传达由"艺术家-艺术品-参观者"的模式转变为以参观者为中心、与艺术进行主动式交互的非线性模式[41],如图2-3所示。鉴于互动媒体在教育、艺术、商业等领域所面向人群的目的、期望与心理的差异性,本章侧重介绍互动媒体在艺术展示中的应用。

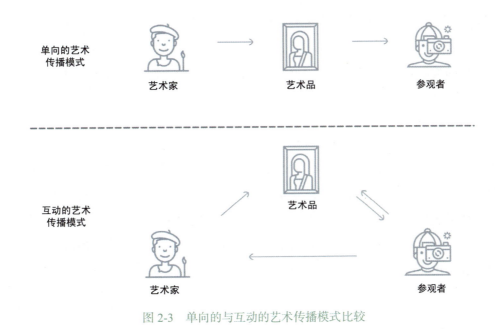

图 2-3 单向的与互动的艺术传播模式比较

2.1.3 互动媒体的特色

传统的艺术呈现形式表现为静态的或非交互式的动画播放,参观者只能从简单的视觉方面努力地获取信息或通过额外的介绍来体会艺术的魅力,这显然是一个低效率的过程。而且,传统的艺术呈现形式很难考虑到所有的受众,忽视了受众各不相同的知识接受能力和艺术感知能力,使参加艺术展成为小部分忠实的艺术爱好者所追求的活动。由此可以看出,互动媒体具有不同于传统媒体的特色。

1. 交互性

互动媒体注重人与信息之间的交流和互动。人们可以用一种主动有趣的方式获取信息，甚至可以在与信息的交流中筛选和处理信息。与此相比，传统媒体在信息传达时往往容易忽视受众的知识背景、文化水平、接受能力等，单线程的传达方式和混杂的传达媒体造成了人们难以接受媒体所传达的信息，甚至产生抵触心态而对想得到的信息失去信心。

2. 个性化

与传统媒体的信息单方向输出不同，互动媒体使受众更容易根据个人的偏好、兴趣和需求来寻求信息[47]。反过来，依靠使用人工智能技术能够主动发起与人类沟通的特点，互动媒体可以识别出不同的信息接收者，受众的不同或不同操作也将影响到信息的输出。因此，这种方式可以达到信息输出因人而异的效果，满足不同受众的个性化需求。

3. 媒体多样性

作为以数字技术为支撑的互动媒体，自然少不了科学技术的支持。多点触摸技术、感应技术、虚拟影像系统等，都是互动媒体设计中不可或缺的技术支持。数字化展览中的互动媒体将数字化的"声、光、电"运用于呈现效果中，其对感官的刺激原理与传统艺术一致，并无差别，改变的只是信息的载体，以及从传统的物理造型到如今电子化、数字化的发展趋势。而且，随着技术的不断发展与进步，互动媒体仍具有更多可能性。

4. 偶然性

基于互动媒体的非线性特征，互动媒体的各元素、各环节都可以在用户的主观选择中产生偶然性。这种偶然性将会为用户带来出其不意的惊喜或令人印象深刻的意外收获。

2.1.4 互动媒体的模式

互动媒体区别于其他媒体形式的重要特点是信息的传递方式和结果。由此可知，互动性是所有互动媒体共有的，而媒体的呈现模式是多种多样的。因此，可以通过不同的媒体呈现模式来对互动媒体的模式加以区分讨论。

第 2 章　互动媒体设计

1. 基于动态影像的互动模式

互动影像最大的特点是交互性，这种交互性基于信息科技与艺术的整合。互动影像打破了传统媒体单向的传播方式，让用户可以参与进来，并实现交流与互动这种全新的交互体验。如图 2-4 所示的数字化展览通过其交互性使用户在交互体验中更加具有代入感、参与感，并提升互动体验。

图 2-4　数字化展览

互动影像设计具有多向性、互动性、公共性、参与性、空间性、沉浸性、游戏性、随机性等特点，决定了它的应用领域较传统影像更加多元、广泛。在传统影像中，参观者一般按照固化的文本顺序以线性的、非选择的方式解读和欣赏艺术作品，然而互动影像的交互体验模式使观者的主体身份发生了变化。参观者不再作为被动的客体单向接收信息，而是参与到艺术作品中，通过与艺术作品的互动体验来共同完成艺术作品的展现。新媒体下的互动影像艺术作品使艺术的表现形式具有交互性，使参观者直接进入艺术品的创作过程中[48]。参观者更具有代入感、参与感与沉浸感。随着互动影像的进一步发展，沉浸式交互艺术作品如 teamlab 的《未来之森与未来游乐园》（如图 2-5 所示），将以更自然、更和谐、更新颖的艺术表现形式展现出来，强

创意交互设计与开发

调互动与共鸣[49]。互动影像设计无论是从参观者参与的公共性上，还是从互动影像传播媒体的公共性上，都将为传统影片艺术开拓一个新的时代。

图 2-5　teamlab《未来之森与未来游乐园》

2. 基于装置的互动模式

互动装置艺术之所以具有"互动性"，是因为它具有一定的中间载体，这个载体一般分为信息输入载体与信息输出载体。信息输入载体一般指人向计算机传递信息的触动装置，如跟踪球、操纵杆、图形输入板、声音输入设备、红外线感应器、视频输入设备等；信息输出载体包括投影仪、分屏仪、声音输出设备、视频输出设备等。互动性往往连接着作品与参观者，从而使参观者能更好地置身其中[50]。如图 2-6 所示，法国艺术家安东尼·富尔诺（Antonin Fourneau）的作品《水光涂鸦》（*Water Light Graffiti*），是将"水信息"转化为"电光信息"的互动装置，参观者可以用水在屏幕装置上创作出精致的画面。

第 2 章 互动媒体设计

图 2-6　安东尼·富尔诺《水光涂鸦》

3. 基于游戏体验的互动模式

三维动画类型游戏通过计算机的三维建模构建虚拟的游戏场景，并通过设置一定的故事情节引导玩家完成游戏过程。三维动画类型游戏采用了立体空间的概念，所以显得更加真实且操作的随意性较强，也更容易吸引玩家，如图 2-7 所示。还有类似图形游戏的二维游戏，与三维空间的感受不同的是，其沉浸感不足，但在交互模式上更偏向于使玩家进入一种自发的接受知识的状态。

4. 基于虚拟环境的互动模式

虚拟展示设计是以计算机媒体为依托、以展示设计体系为基础的一种展示手段，在艺术创作过程中通过数字技术的手段对展示环境进行策划、设计、创造。同时，为参观者提供丰富的感官体验，让他们在交互体验过程中产生身临其境的感觉和沉浸感，带领参观者进入超越时空的新环境。如图 2-8 和图 2-9 所示，由 Wonderlabs 设计和制作的互动装置《VR 秋千》(*VR Swing*) 吸引了众多参观者驻足体验。极具创意的荡秋千和虚拟现实技术的结合，使戴着 VR 眼镜的参观者，在运动的状态中去体验虚拟现实带来的惊喜和刺激，给感官一次重新认知。虚拟展示设计与传统展示设计最大的区别在于交互性的展示手段，虚拟展示不受时空的束缚，能创造出虚拟的现实，丰富参观者的感情世界。参观者使用虚拟现实装备在虚拟的世界中"穿梭"参观，甚至可以对

创意交互设计与开发

虚拟物体进行操作。虚拟展示设计强调参观者参与,不仅需要参观者参与,而且需要参观者反馈信息,深入地参与其中并实践和体验。虚拟展示设计的最终目的是通过特定的传达手段,有深度、有计划地将情境展现给参观者[51]。

图 2-7 三维动画类型游戏体验

图 2-8 Wonderlabs《VR 秋千》体验

图 2-9　Wonderlabs《VR 秋千》中的虚拟画面

2.2　互动媒体设计的基本元素

互动媒体本身就具有媒体多样性,所以才会对用户的各种感官进行刺激。但是在进行互动媒体设计之前,通常需要对设计所涉及的基本元素进行区分讨论,以最大化地了解到设计所需的每一个细节。黄秋野[54]提出,在进行互动媒体设计之前,需要准备好的元素有位图和矢量图的图像元素、二维或三维的动画元素、视频元素和音频元素,并对各个元素的应用场合、制作方法和编辑要点进行规范[52]。许婷提出,互动媒体艺术元素传达的是包括视觉、听觉、触觉、味觉和嗅觉在内的多感官综合体验,如图 2-10 所示;在分析的过程中,强调了视觉传达相对于触觉和听觉的高效性和普遍性[40]。在近几年的数字媒体艺术展览和互动媒体技术的应用中可以发现,听觉元素和触觉元素的应用逐渐变得广泛起来,如图 2-11 所示。

由此可知,互动媒体设计基本元素的划分方法有两种,一是根据"数字化"技术方法的不同进行划分,二是根据互动方式的不同进行划分。然而,在强调互动性的设计研究中,不同媒体技术分类的方法显然是难以兼顾到用户的反应、行为和心理等因素的。互动方式也有很多分类标准,为了贴合"以用户为中心"的标准,本章将作用于参观者感官的元素作为互动媒体设计元素,并对不同的感官元素展开讨论。

图 2-10 多感官综合体验

图 2-11 触感交互

2.2.1 视觉元素

与传统媒体元素一致的是,互动媒体设计最直观的元素为视觉元素。然而互动媒体在"互动"二字的强调下,不仅仅如传统媒体那样视觉单一呈现,而是为用户带来一种可操纵的且能反过来影响用户的视觉体验。其中,互动投影最初的形态是从二维空间开始的,后来逐渐发展到三维空间。因此,图案是最基本、最常用的元素。例如,2015年艺术家Miguel Chevalier在法国展出的互动装置 Digital Arabesques(如图2-12所示)展示了基于数学逻辑驱动的重叠线条的复杂几何图案。这件作品通过数字媒体重温摩洛哥的艺术传统,展现了五彩缤纷的数字场景,其中参考了许多图案,如藤蔓花纹和马赛克等。这件作品使用红外传感器进行互动,当参观者与作品互动时,他脚下的图案会与之产生互动,并出现变幻的波浪和漩涡等动态效果。参观者站在大型的互动装置上,因变换的图案而产生视错觉,这种视错觉使参观者产生地板或墙壁移动的感觉。

图2-12　Miguel Chevalier 的 *Digital Arabesques*

与图案元素类似的光影是一种看起来较简单的视觉元素,但获取方式并没有图案元素那么直接,其需要借助一定的物理处理来展现。这不仅使其交互方式多种多样,其背后表达的意义也更有隐喻性。例如,出自日本建筑大师安藤忠雄的《光之教堂》,因为在教堂的墙上开了一个十字形的洞而营造了特殊的光影效果,如图2-13所示。

又如2019年的YouFab全球创意大赛的获奖作品 *Life/Time*,这个互动装置将"视觉的持久"动画技术运用在镜头表面,与参观者互动。参观者挑选一个玻璃杯放在展台中央,使用蘸水的手指摩擦杯口。杯子开始转动起来,手指始终接触在杯口并让杯子发出声音,此时参观者就可以看到栩栩如生的光影。每个玻璃杯都有不同的大小、形状,能发出不同的声音,产生不同的光影。同一种玻璃杯有两种不同的投影形式,包含着不同的故事信息(如图2-14所示)。不同于常规的是:在这个作品中,玻璃表面可视为画布;它不是用画笔和颜料绘制的,而是用光绘制的。因此,每当阳光照射到它的表面时,隐藏的故事就被重新叙述。

图 2-13　日本建筑大师安藤忠雄《光之教堂》

图 2-14　Life/Time 的两种不同投影形式

具象的动画元素相对于抽象的图案和光影,更接近传统媒体所呈现的内容。图案元素需要借助一定的编程软件和计算机技术进行图案生成，光影元素需要使用一些物理变化或特殊的设备进行创造，而具象的动画元素则可以在传统媒体内容的基础上让静态的画面动起来。因此，动画元素是比较容易获取到的，并且其与参观者之间的沟通和互动也是很直观的。在使用动画元素进行互动媒体设计时，参观者与信息之间的交互方式是需要仔细考虑并进行创新的。

动画元素较多地被用在 Mapping 中，且二维和三维动画的投影也有不同的形式。国内的 LightHouse 数字媒体团队将传统扇子上的画幅以动态的画面投影在挂起的扇子屏风上，以这种栩栩如生的画面来传播中国的传统扇文化。在他们的脸谱作品中，动态的脸谱元素被生动地投影在模型上，展现着不同色彩和造型所代表的不同人物性格。这种有趣的动态效果免去了多余的文字说明或其他类型的介绍，如图 2-15 所示。另外，一笔一画的绘画过程也传达着脸谱"虽五花八门，却有章可循"的特点。

图 2-15　扇子屏风（左）和脸谱（右）

虽然混合现实技术和全息投影技术早已达到将信息在三维空间中展示的地步，但所呈现的内容大多仍然是虚拟的互动影像，并且参观者可能需要使用一定的设备进行互动。而直接由机械装置构成的视觉元素则可以突破设备的局限，并在三维空间中任意地变换和组合。法国艺术团队 Collectif Scale 在 2019 年里昂灯光节中展示了他们最新的作品 *Coda*，这是一场由 20 个安装了 LED 灯条的机械臂组成的未来主义芭蕾舞表演，成功地将灯光设计、动态运动和音乐有机结合起来（如图 2-16 所示）。

图 2-16　*Coda*

2018年英国流明数字艺术大奖提名作品《流（机械版）》由1000个半弧形的水滴感应灯组成。当参观者用光源靠近并点亮其中一颗"水滴"时，附近的"水滴"会由近及远地按顺序上下移动，像水花一般迅速传递扩散开去。不同参观者互动产生的水花会发生碰撞，并相互点亮和交融，以此为参观者带来万物生命息息相关、相互联系和影响的观感，如图2-17所示。

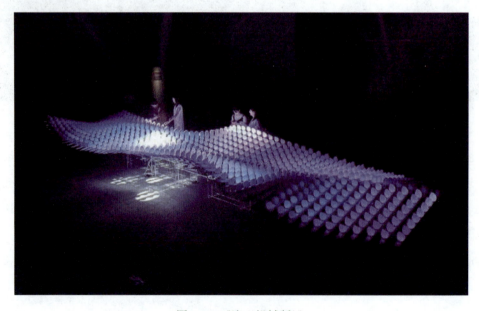

图 2-17　《流（机械版）》

2.2.2 听觉元素

相对于丰富多彩的视觉元素，听觉元素虽然种类较少，但是仍然发挥着不可替代的作用，尤其是在沉浸式的视听空间中。听觉元素甚至可以作为互动展览的主体部分，在一些特定的展览中发挥最大的作用。通过大量的案例分析，我们可以按照发声的方式将听觉元素分为两类：一类是"看不见"的声音；另一类是"看得见"的声音。

1. "看不见"的声音

"看不见"的声音是指参观者不知道或不需要知道听觉元素的位置。这种元素可能是背景音乐，也可能是一小段配音，需要通过播放器等设备播放出来。除了需要视觉元素和听觉元素相互配合的大型视听空间，听觉元素有时也会给参观者带来一种不经意的体验。例如，装置艺术作品 *hi*（如图2-18所示）使用了4个二手舞台摇头灯作为基础，将灯光部分替换成7个小型扬声器，配以功放用于发声。当装置面前有人经过时会触发装置，控制装置转向观众并发出声音，映射了一种性格孤僻的人在遇到其他人时想去主动交流却又不敢开口的心理状态；当装置前无人经过时，装置的头部在四处旋转，像在寻找一样，忽快忽慢的动作表现出了一种略带恐慌的心情。当听觉元素发挥主要作用时，参观者的注意力会更加集中。又如，在《南京大屠杀史实展》展厅的角落存在一个祈愿空间（如图2-19所示），参观者走进祈愿空间时，会听到警钟的声音并进行冥想。

图 2-18　*hi*

图 2-19 《南京大屠杀史实展》展厅的祈愿空间

2. "看得见"的声音

"看得见"的声音是指存在展厅之内作为展示一部分的听觉元素。在互动中,参观者甚至可以听到由物体发生振动而发出的声音,而不是来自音频的声音。Playground(如图 2-20 所示)是一个互动音乐艺术装置,由 32 个军鼓、通鼓和低音鼓组成,每个

图 2-20 Playground

鼓面上都有一个由计算机控制的鼓槌。在架子鼓阵列的前面，设有一块感应控制地毯，参观者可以在控制地毯上迈动步伐，敲响自己的节拍。参与的人越多，节拍越热烈。这种听觉元素具有很强的互动性。

2.2.3 触觉元素

在互动过程中，用户会主动地进行触摸、推拉、踩踏、吹气或者遮挡等活动。以主动的触觉器官进行交互是非常常见的，信息经过计算机的处理、计算与反馈，以视觉、听觉和触觉等形式传达给用户[53]。以触觉元素的形式反馈给用户与声、光、电等元素相比是较特殊的一种方式。触觉比视觉、听觉的传达更迅速被用户感知，由于以人体为介质，触觉反馈会为对表皮及肌肉中感受器进行刺激，因此其比视觉、听觉更加敏感和强烈。

目前，视觉和听觉的感官刺激已经在虚拟现实场景中得到了很大的发展。一方面，虚拟现实和增强现实技术已经能够为用户提供梦幻般的视听世界，但当我们伸出手去触摸那些虚拟物体时，幻想就会瞬时破灭，因为触摸到的只有空气。另一方面，如果能实现触觉上的刺激，用户将会享受更加逼真和沉浸式的虚拟现实体验。例如，在虚拟现实游戏如射击游戏中，系统可以模拟不同枪械扣动扳机的手感、射击弹头产生的后坐力等多种触觉反馈，让玩家感受到射击的快感。

微软团队一直在探索如何利用现有技术在手持式虚拟现实控制器上模拟产生多种触觉感受，使用户能够触摸和抓住虚拟物体，感受指尖在物体表面的滑动。CLAW是微软团队开发的第一款新型多功能触觉控制器，将虚拟现实控制器的概念扩展至一款多功能触觉反馈工具，如图2-21所示。作为一个多功能控制器，CLAW包含普通虚拟现实控制器的所有功能，以及最常见的手部交互时启用的各种触觉渲染，如抓取物体、触摸虚拟表面及接收力反馈。

在现今的互动媒体展示中，视觉和听觉元素是感受最直接、使用最广泛的元素。触觉元素在一些特殊的展示中开始发挥越来越重要的作用。

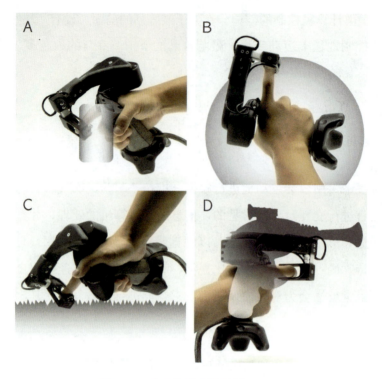

图 2-21　多功能触觉控制器 CLAW

2.3　互动媒体设计方法

2.3.1　以用户为中心的设计

1. 以用户为中心的设计概念

以用户为中心（User Centered Design，UCD）是20世纪80年代末兴起的一种产品开发的概念与方法。1986年，Donald A. Norman 和 Stephen W. Draper 在《以用户为中心的系统设计：人机交互新视角》（*User Centered System Design: New Perspectives on Human-computer Interaction*）一文中提出了"以用户为中心的设计"概念[55]。Norman 在1988年出版的《设计心理学》（*The Design of Everyday Things*）中进行了更深层次的阐述[23]。简单地说，以用户为中心的设计主张应将产品设计重点放在用户身上，使其能依照现有的认知习性自然地接受产品，而不是强迫用户按照设计师设定的模式来使用产品[56-57]。

以用户为中心的设计在产品整个生命周期中都把用户作为核心[58]，在产品策略阶段，要明确用户的需求、目标和动机；在设计开发阶段，把用户研究和用户数据作为决策的依据；在产品评估阶段，把用户测试作为重要方法；在产品维护阶段，注重收集用户的反馈信息，如图2-22所示。

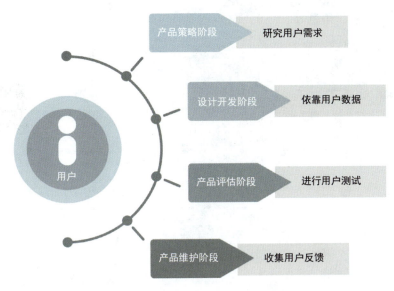

图 2-22　以用户为中心的产品生命周期

以用户为中心的设计强调人为因素、人体工程学、可用性工程和其他技术的一致应用，始终围绕用户展开。当某个个体与某个产品产生交互时，这个个体就是该产品的用户。以用户为中心的设计理论研究的是与产品发生关联的群体，这些人也许是产品目前直接使用者，也许是产品未来或潜在使用者。以用户为中心的设计方法强调分析用户、理解用户，避免了产品实现模型与用户心理模型之间的鸿沟，为设计能够符合用户操作方式的产品，提供了一种有效的方法[59]。

以用户为中心的互动媒体设计是通过在认知层面构建特定的用户交互语言来生成情境化的交互模式的。它将用户的认知行为和交互产品（系统）的性能进行形式化，以获得不同的预期交互体验[60]。这些交互体验是由设计师根据不同类型来定义的，如有用的、愉快的和美观的体验。一般来说，面向体验的交互语法旨在描述特定的交互过程特征，从而为用户在使用产品时带来理想中的体验过程与体验感受。换句话说，设计师根据用户期望的体验过程创建特定的交互语言来组织用户的交互认知和活动[61]。

创意交互设计与开发

同时，基于参与者的互动媒体设计是以参与者为中心的、关注参与者交互体验的设计方法[59]。从以人为中心的设计角度来看，设计师通过互动媒体设计的交互为用户提供理想的体验过程[60]。这种方法主要依赖设计者对用户的理解，这种理解基于对用户在特定交互环境下的标准工作流程、认知能力和知识体系的分析。在这方面已经有人做了很多工作，并且提供了许多用于设计交互的技术，如故事板（如图2-23所示）、任务工作流、场景、角色等。

图 2-23　故事板

2. 以用户为中心的设计方法及应用

以用户为中心的设计方法常应用在网站、软件等产品的设计上，一般流程包括产品策略、调研、分析、设计与开发、测试与评估等步骤（如图2-24所示），产品的整个开发过程是迭代的、不断优化的[62]。其中，产品策略指开发该产品的目的是什么；调研指对目标用户进行研究，收集用户资料及使用的场景、习惯等信息，明确目标用户并收集用户信息，是建立用户体验的关键步骤；分析指在调研阶段获得信息，通过用户建模，利用场景剧本、用例等细化用户需求，最终将其转化为产品的功能，以用户数据引导并确定产品的功能；设计与开发指针对用户模型和用户需求、设计背景、伦理及政策等因素，对最终产品的核心功能和细节进行表达；测试与评估的过程也需要用户的参与，来源于用户的反馈数据往往是最有说服力的，也是进行产品评估和迭代的最直接的数据[63]。

第 2 章　互动媒体设计

图 2-24　以用户为中心的设计方法一般流程

近年来，互动媒体设计越来越强调用户的参与、互动及人机协作。以用户为中心的设计理论的提出大大地支持了互动媒体设计的方法、标准和原则。徐宇玲[63]分析用户在数字媒体互动叙事作品的不同设计阶段及不同程度的参与下对互动叙事作品的影响，以用户为中心将互动叙事设计分为4种形式：一是用户主动参与前期互动，为叙事提供素材和创意，叙事成品在设计师主导下完成；二是用户在设计师预设内容中，通过主观选择等操作参与互动，生成完整叙事作品；三是用户在叙事环境中，通过自主创作、信息输入等操作参与互动，生成完整叙事作品；四是用户在对完整叙事作品的接收过程中参与互动，为叙事文本附加新的含义（如图2-25所示）[57]。这4种形式中的用户参与度并不相等，用户与叙事作品的制作、完善及交互体验方面表现的主动性按层次递增。值得一提的是，不同层次交互体验或不同的用户参与度是需进行选择的，要综合考虑用户背景、知识水平、行动能力，以及传达的叙事内容等因素。设计师应用不同层次或若干层次的结合进行互动媒体设计，在满足用户交互体验的情况下传达媒体内容[63]。

互动叙事设计	设计过程	参与互动过程	作品生成过程	接收作品过程
设计师行为	设计师主导创作叙事作品	设计师预设完成所有内容	设计师预设好供用户参与的内容	设计师已完成叙事作品
用户行为	用户主动参与前期互动，提供素材和创意	用户在互动过程中进行主观选择	叙事作品由不同用户的互动而得到不同的结果	接收叙事作品，为叙事文本附加新的含义

图 2-25　不同形式的设计师和用户行为对比

Guido Bozzelli 以 ArkaeVision 项目（如图2-26所示）为例，提出了一种以用户为中心的、结合了虚拟现实/增强现实的文化遗产交互体验框架。在此项目中引入了一种新的交流范式，根据使用的沉浸式虚拟现实和增强现实两种体验方式，产生不同层次的历史和考古信息。ArkaeVision 所采用的用户参与和激励策略，依赖以用户为中心的交互设计方法，同时也利用了游戏化和奖励机制。其互动模式主要基于游戏体验，它

创意交互设计与开发

让用户参与一个渐进的交互过程中[58]。在这个过程中,用户的体验将遵循一种奖励机制,这种奖励机制与用户在环境和角色中的行为和交互有关。在这个虚拟环境交互界面中,使用基于手势的识别和可控制的手套,其原理类似于虚拟现实的操作手柄。此外,该系统支持一种创新的多用户模式。特定用户在虚拟现实旅程中的交互习惯和交互内容可以被记录下来,并允许与其他用户分享,使多个用户能够分享身临其境的虚拟现实体验。

图 2-26 ArkaeVision 项目(Guido Bozzelli)

如今,无论是大型博物馆还是小型博物馆,都越来越多地采用虚拟现实展览,因为它们能加强文化内容的交流,并为参观者提供一种引人入胜和有趣的体验。Barbieri 提出了一种以用户为中心的虚拟现实考古展品设计方法,用于考古文物的交互式开发。他以由意大利切特拉多 Bruttians and the Sea 博物馆举办的虚拟现实展览为例,通过好玩和有教育意义的虚拟现实展览来丰富博物馆,让游客享受身临其境和吸引人的体验,让他们在原始的发现环境中观察三维考古文物(如图 2-27 所示)[60]。结果证明,基于 UCD 方法提出的解决方案,可以有效地作为虚拟现实展会开发的指导方针,特别在预算非常低、自由空间有限是不可避免的设计要求的情况下。

图 2-27　配合三维眼镜使用的虚拟现实展示界面

2.3.2 目标导向设计

1. 目标导向设计概念

目标导向设计（Goal-Directed Design）方法是数字产品设计中重要的理论，有独特的设计流程，在整个设计流程中把对人的行为研究作为重要的设计依据，运用人物角色、场景剧本等方法对用户的需求深入挖掘[64]。目的是让人们在数字产品创造的过程中规避不合理，用独有的设计流程打破各职责之间的隔阂，在设计过程中关注不同用户人群的需求和使用心理感受，把目标用户的行为拆分成目标和任务，并且用各种方法参与和深入了解用户的行为，获取用户真正的需求，从而使设计更加适合目标用户的需求。

2. 目标导向设计流程

目标导向设计流程的核心要求是满足用户目标。它的核心概念是在可用性目标下创造一个有实用功能的交互产品，通过研究多个用户界面和特殊的交互模型，探索设计者所提供的交互的预期意义和概念[65-66]。Alan Cooper 在 *About Face3:The Essentials of Interaction Design* 一书中将这一过程分为6个阶段，这6个阶段环环相扣，组成了一个完整的设计流程，其中着重关注设计中对用户行为的建模[35]，目标导向设计流程图如图2-28所示。

图 2-28　目标导向设计流程图

（1）研究

通过用户研究识别用户并满足其需求，这个阶段通常采用定性和定量的研究方法，如观察法、焦点小组、调查问卷等。从研究的结果中提取用户行为模式，获取用户及用户群体的心理、偏好、知识背景、行为能力等因素。同时，对市场的研究也一样重要，竞品分析是常用的研究方法，可以通过对比、统计等可视化方法来发掘机会点及预测风险。

（2）建模

为设计的目标用户及群体建立一个有代表性的虚拟模型，将前期研究分析的结果整合到模型中。常用的表达方法有构建用户画像，包括这个代表性用户的年龄、性别、生活背景、知识水平、行为能力、行为目标等细节，尽量把他当成一个真实的人物。

（3）需求

在定义用户需求时，需要把用户放在一个故事场景中，还原在场景中用户、产品和目标之间如何相互影响，以及在整个过程中记录用户的情绪。以此来发掘用户需求，并对应分析出产品应该具备的功能、产品使用情境和用户心理需求模型等。

（4）框架

定义设计框架，包括信息功能的表现形式、用户的整体体验构架、用户和产品的交互，以及产品如何满足目标用户的需求。这是一个从用户流程到任务流程的转化过程。

（5）提炼

提炼是一个细化设计的阶段，需要交互设计师与视觉设计师共同完成，把握细节才能输出优秀的设计，其中包括交互界面的视觉、交互动画的改善等。交互设计师需要在这个过程中保证任务和故事的一致性，视觉设计师需要统一视觉效果。

第 2 章 互动媒体设计

（6）支持

支持是一个实际的设计产物开发落地的过程，是交互设计师与技术人员反复沟通、调整、适应和修改设计的阶段。

3. 目标导向在互动媒体设计中的应用

（1）信息架构

信息架构是将信息变成有组织的、参与者可接受且易接受的过程。目标导向中针对参与者的分析研究映射了互动媒体设计中进行信息架构的过程，在目标导向研究中建立具体人物模型的读取信息、使用信息及反馈信息的具体过程也会被反映在信息架构上。"音兔"信息架构图如图 2-29 所示。

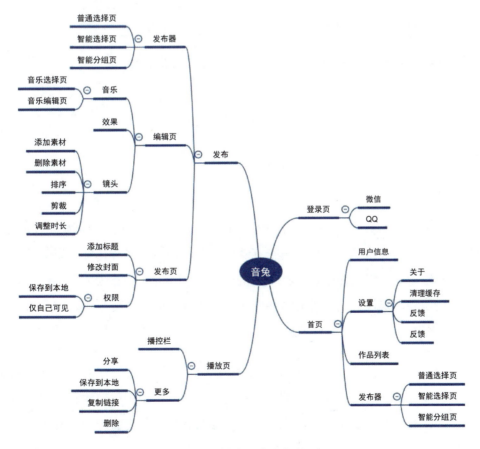

图 2-29 "音兔"信息架构图

（2）交互方式

在交互设计中，设计师需要就研究分析的用户行为与体验流程进行沟通，即用户如何能够基于现有能力和水平去操作终端产品，以及产品如何对用户的操作进行反馈。App交互方式架构图如图2-30所示。因此，在基于目标导向的互动媒体设计中，对参与者的行为研究与交互设计是关键的一步，也是最能体现参与者在互动媒体中体验感和获得感的一步。聚焦于用户与媒体之间的交互方式，才能使最终的媒体呈现更适合用户接受并与之互动[67]。

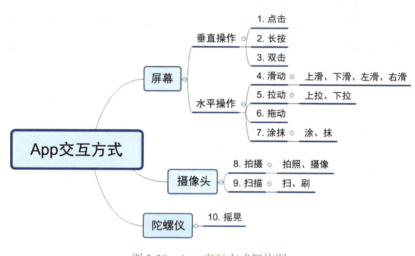

图2-30　App交互方式架构图

（3）媒体形式

目标导向设计是数字产品时代下诞生的研究方法，在日新月异的互动媒体领域，正面临着更丰富的媒体形式选择。由于互动媒体与参与者的各种体征、感觉器官和心理结合得非常紧密，因此在结合目标导向的研究中，参与者的行为方式与动机也变得更丰富且更明确。媒体形式的种类增多并不意味着选取起来会更复杂，而是可以更明确地理解参与者，使他们更有效地进行互动并获得趣味性。

本书中，我们不仅设计基于互动媒体对象属性的交互方式，以此提供必要的功能和可用性，而且将在后续章节中详细说明在特定的交互情景中如何构建特定领域的交互设计语言来实现互动媒体的个性化设计，为参与者提供与交互产品能够进行多维度交互的体系。通过对交互设计语言模式的应用，让互动媒体的设计可以向个性化的模式的方向发展。交互产品的用户可使用特定领域的交互语言来实现用户的个性化体验目标。

2.4 本章小结

本章总结了互动媒体的概念，并通过不同的媒体呈现来划分互动媒体模式。在设计过程阐述中，以一种与互动媒体设计一致的性质和方式从用户的角度梳理影响用户感官的互动媒体设计元素，介绍了具体的互动媒体设计方法及对应案例。值得注意的是，以用户为中心的设计作为一种范围较广且颇有深度的概念，对所有领域的设计都具有一定的指导意义。互动媒体设计是在用户研究学科发展较成熟的背景下发展起来的，所以从其设计过程和设计特性来看，对用户行为、用户体验进行着研究和分析，并强调用户在体验中的主观能动性与个性化，聚焦于用户自身在互动中的存在感、参与感甚至沉浸感。与以用户为中心的设计相比，目标导向设计是一种固定的设计理论和方法，从其诞生起一直服务于数字产品的设计。目前国内已有相关文献提出了对目标导向设计方法在互动媒体设计领域的介绍、界定及设计原则。但应用目标导向设计方法的案例在国内外仍然较少，同时还存在"以技术为导向"和"以设计师为中心"的相关互动媒体设计。

第 3 章 创意交互设计语言

第1章介绍了有效的人际互动是建立在语言和非语言互动的综合沟通中的。这包含两个基本因素：一是可以支持人们交流的有效语言；二是可以形成让人们在不同层次上构建相互理解的交流基础。本章介绍创意交互设计的本体语言，即人们如何使用设计语言构建人与交互产品的互动交流，以及设计语言如何决定人们的行为方式，在此基础上探讨设计师如何整合不同的交互元素（包括语言和非语言的）来建立不同层次的交互基础。

3.1 创意交互设计的本体语言

3.1.1 交互设计语言概念

人机交互是一种以计算机为媒体的交流活动，本质上属于社会交际[68]。它与传统的人类使用声音和文字进行交流的方式不同，因为数字媒体没有物质形态，可以很容易地转换成任意数量的不同表现格式[69]。数字媒体的多样性是人类与计算机通信的重要资源。Martinec 和 Van Leeuwen 认为，从本质上讲，作为一种交流媒体，数字媒体和语言起到了一样的作用，是沟通的工具和资源。通过它用户可以将要传达的内容和信息意义相关联[61]。从这个角度出发，人与交互对象的所有组成部分，如文本、图像、声音、时间、空间及人类活动，都可以按照语言的结构组织在一个交流系统下。一个定义良好的交互设计语言架构可以有效地帮助设计师根据交互设计的概念在语义上勾画出整个交互设计内容、范围和过程。具体来说，设计人与交互对象的过程可以理解为在特定的场景下交互产品与其用户之间传递预定义信息的过程。

根据对人类交流模型的研究，典型的交互过程可分为两个阶段。第一阶段，设计师创建原始的交互设计概念，生成具有特定含义的交互内容，由特定的界面布局和交互模式构成实际交互产物[70]。第二阶段，用户需要通过界面和导航系统来接收信息。交互的质量取决于用户的视角和交互产品的性能。著名的交互设计畅销书籍作者Alan Cooper指出，设计师的概念模型与用户的心理认知模型越相配，用户越容易操纵产品，越能理解交互的意义，从而有效地与计算机协作[35]。交互的不同阶段如图3-1所示。

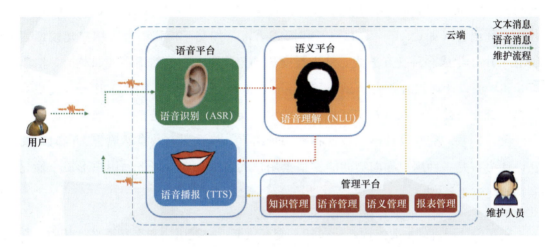

图 3-1　交互的不同阶段

正如第1章中指出的，语言是最重要的沟通方式，因为语言帮助人们处理信息并与他人分享，并指导他们的行为[71]。Allwood将人们日常的语言交际定义为一种理性的、合作性的活动，可以帮助交际参与者进行有效的沟通与合作[13]。参与交际活动的人在交流中都扮演着不同角色，这些角色进一步决定了他们的交际活动[72]。换句话说，会话参与者的行为是有意的、有目的的、有意控制的。

3.1.2　交互设计语言构建及应用

从一种交互语言设计的视角看，设计师运用这种语言可以设计的交互内容不仅包含产品功能及可用性，而且能回应用户不断变化的思维和体验的交互模式，来增强用户的注意力和行动的协调性[73]。基于以上观点，下面具体介绍如何在交互情境中建立

创意交互设计与开发

一种共同的语言,以支持更有效的人与交互对象的对话。

构建交互设计语言的一个主要挑战是如何使人机交互语言能够支持不同用户与计算机之间的相互交流[74]。正如Erickson建议的,我们需要将不同交互模式的问题及解决方案整合在一起,以帮助用户将解决方案作为一个连贯的整体进行评价[64]。同时Alexander指出,设计实际是由语言形成的[62]。这种语言应该从用户的角度表现交互序列,并且可以用来表达用户的信念和期望,进而必须被设计人员和终端用户识别和使用[75]。在交互设计的创意中,如何构建一个交互体系是我们首先要解决的问题。例如,人与交互作品之间的交互也是由不同的语言生成的。从技术角度看,各种编程语言(如C、C++、Java)和模式语言(如交互模式语言、用户建模语言UML)用于生成多种交互方式。从人类交流的角度来看,自然语言(如英语、法语等)和界面设计模式语言(Interface Design Pattern Language,IDPL)用于支持更人性化的交互设计[74]。在人机交互设计实践中,交互设计语言是整合不同语言的一个交互设计体系。交互设计语言包括各种编程语言、模式语言及自然语言。同时,交互设计语言是一种用户导向型的能够根据用户的需求和期望来帮助用户形成个性化表达的交流工具[76]。

交互设计语言的主要组成部分包括:交互语汇、交互语法和交互语义。其中,交互语汇包括构成人机交互的基本要素,如文本、图像、声音、电影、动画、人的交互行为等。交互语法是设计师将人与交互作品交互的各种基本组成部分结合起来,表达出设计师理解和意图的特定交互概念的一种形式。交互语义是参与者在特定领域自定义的用于帮助建立个性化的交互模式。创造一种特定领域的目的是使交互的参与者能够在物理层、认知层和情感层上积极地参与交互产品的持续发展。例如,通过这种做法,终端用户能够根据他们的视角和经验自定义交互产品,以便更好地适应他们的需求。换句话说,当允许用户表达和实践他们特定的交互语义时,他们就能够建立其个性化交互模式。

创建一个特定领域的交互设计语言的三个步骤是:

- 识别交互语汇;
- 创造交互语法(交互作品);
- 实现参与者的交互语义(个性化交互)。

3.1.3 交互设计语言应用

交互设计语言的首要原则是建立面向参与者的交互系统。因此，它改变了以往交互内容主要基于设计师的设计概念或以产品为中心的设计模式而不是面向终端用户的情况。在传统的设计模式下，构建交互模式首先基于设计师的理解和设计概念。Krippendorff 指出，设计师的理解是一种二阶理解，与用户自己的理解是不同的[76]。设计师的目标是构建语义交互概念，将设计师的交互概念正确地传递给终端用户。此外，交互概念可以有效地影响用户的交互体验，并允许用户使用特定的交互领域术语来改变交互模式从而进行个性化交互。因此，用户不仅可以使用预定义的交互模式体验特定情境交互内容，还可以根据对所提供的交互作品、交互情境的认识和体验，基于个性化交互模式来指定情境，从而表达用户个人的交互概念。后续将深入探讨并展示创意交互设计语言的基本架构、如何组合不同的交互元素（交互语汇），以及如何将这些交互语汇通过交互语法实现不同的交互语义，带给用户不同的交互体验。

3.2 创意交互设计模式

创意交互设计的核心是构建个性化的交互模式。以往传统交互设计师的主要任务集中在设置可测量的可用性规范和评估各种用户的交互需求设计上。而对创意交互设计而言，更重要的是为参与者提供丰富的体验模式[77]。因此，创意交互设计并没有随着初始交互界面和交互模型的产生而结束，而是根据互动对象的需求不断改变，并在互动对象反馈的基础上得到进一步发展[78]。

进一步分析，创意交互设计是建立在人类语言体系结构下的，创意交互设计语言体系结构以不同的呈现方式和交互模式向参与者提供合理和恰当的反应，包括视觉、触觉、听觉等不同类型的反应。更重要的是，创意交互作品可以实现参与者的交互概念。特别地，参与者（用户和设计师）可以通过选择合适的界面和交互模型来执行他们的交互理念。交互理念是由定义良好的基于领域知识的特定领域术语组织起来的，使用户能够非常容易阐明和修改交互作品、情境的交互语义，通过创意交互作品来生成各种特定的交互含义。

3.2.1 创意交互设计语言模式

创意交互设计师有必要成为交互行为学家、语言学家、作家和诗人，因为他们要努力创造符合情境的对话[79]，科学探索语言是如何被互动塑造的，以及交互实践是如何通过特定语言塑造的[80-81]。从这个角度看，它把语言看成社会符号学事件中的一种持续的或突现的产物，而语言则是在这个事件中为实现目标或任务提供的系统化规范。假定基于语言系统所整合的交互元素被合理、有意义地组合起来，互动的参与者和交互对象可以顺畅地开展不同层次的交互活动[82]。

我们提出一种创意交互设计语言模式（Creative Interaction Design Language Pattern，CIDLP）来构建面向参与者的个性化交互。它的目的是通过一种有效、合理的方式支持并扩展参与者的活动来优化人和交互作品之间的交互。构建特定领域使每个参与者都能进行推断和预测，理解和解释交互现象，决定执行什么操作并控制其表现[83]。总体来说，创意交互设计语言模式的目的有以下两个。

第一，为交互设计师提供了一个交互设计语言系统，以支持设计师创建对目标参与者有意义的交互产品。该系统帮助设计师将他们的设计理念转化为一种特别的交互语义形式，从而形成一种特殊的交互产物，这个产物是由不同的界面和合理的交互模式组成的。

第二，为参与者提供了一种根据参与者自己的想法使用语言进行交互并调整交互模式的方法。也就是说，交互是个性化的，是通过语言模式交互来表达参与者的"交互语义"并最终构建具有个性化界面和特性的交互作品。

因此，创意交互设计语言模式的两个核心任务是：定义特定领域的交互概念；构建特定领域的交互语言。通过该特定领域的交互语言，参与者可以不断地将自己的抽象交互概念转化为具体的交互产物，完成不同的交互体验，如图3-2所示。

第 3 章 创意交互设计语言

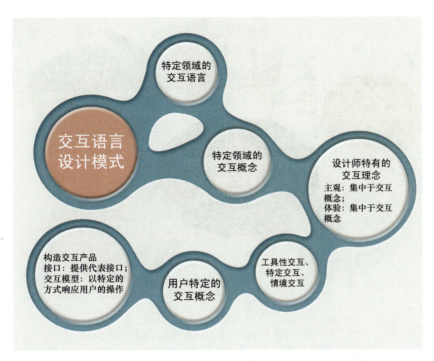

图 3-2　基于交互设计语言模式的设计体系

3.2.2　特定领域的交互概念

通常，交互概念由两个主要因素派生而来：一个是在交互设计阶段就已经完成的用于构建交互的设计意图和领域知识；另一种是基于参与者在与交互作品的交互过程中的个人领域知识和互动需求。在创建一个交互作品前，通常要有一个交互设计概念，如图 3-3 所示。这是建立一种可理解的创意交互模式的第一步。在此基础上，特定领域交互设计概念的目的是构建人与交互作品交互的意义。如前文所说，交互的最初概念是建立在设计师的交互设计概念之上的，这些包括产品的属性、交互情境和参与者的互动体验。

设计师的交互设计概念主要由两种类型的交互语义构成：以对象为中心的交互语义和以体验为中心的交互语义。一般来说，以对象为中心的交互语义关注的是可用性目标；而以体验为中心的交互语义关注的是实现参与者体验的过程。交互设计概念及说明如表 3-1 所示。

创意交互设计与开发

图 3-3　设计师的交互设计概念转译流程图

表 3-1　交互设计概念及说明

交互设计概念	说　　明
设计师设定的交互设计概念	以对象为中心的交互语义：产品功能和可用性的概念模型； 以体验为中心的交互语义：使用特定交互产品的体验模型
设计师设定的参与者的交互体验	针对参与者特定的视角和对特定交互产品所提供的交互体验，这取决于个人知识和对特定交互产品的反应

　　显然，参与者的交互概念取决于参与者的个人交互体验感受。参与者的交互概念受设计师提供的上述两种交互语义的影响。以对象为中心的交互语义是由参与者通过使用它与特定交互作品的互动而形成的，以体验为中心的交互语义是建立在参与者个体识别和情感反思的基础上的。

　　因此，在创新交互设计方面，设计师创造的交互作品是通过筛选并设计出各种交互语汇表呈现出的特定交互概念。交互的意义是通过参与者在特定的交互空间中与交互作品的一系列互动而产生的。交互的意义将随着参与者的不断交互而发展。不同的交互语义反映了参与者在不同层面上的交互视角和需求，包括物质与认知层面。例如，参与者可能选择不同的特定术语来定义他们与交互作品的交互，这取决于其个人知识和对特定交互作品的反应。

3.2.3 构建特定领域的创意交互设计语言

本节旨在提供一个基于特定领域的设计框架来构建创意交互模式。下面介绍其中涉及的几个核心概念。

1. 交互语汇

在进行创意交互作品设计时,每个常规交互作品的三个基本组成部分是:参与者、交互作品(系统)和交互情境。交互语汇由各种子组件构成。子组件包括单词、图像、声音、电影、动画等。这些也是人机交互的交互语汇。Moggridge和Smith将交互语汇的元素分为不同的维度如下。

一维:单词或句子。

二维:视觉表现形式。

三维:物理对象或空间。

四维:时间。

五维:行为[84]。

图3-4展示了交互语汇域,进一步说明如何使用交互语汇形成人与交互作品之间的不同交互层次。

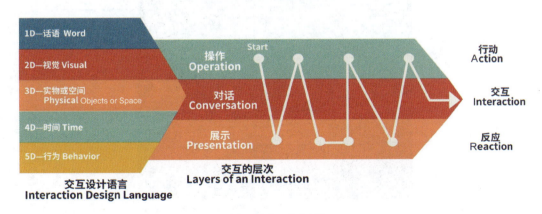

图3-4 交互语汇域

创意交互设计与开发

按照 Moggridge 和 Smith 的定义,交互语汇的第一个维度是单词或句子。每个单词或句子对应一个不同的对象,涉及不同的操作,表示在特定领域中不同的含义[84]。不同的工作领域使用不同的领域语言,如绘画语言、音乐语言、建筑语言等,如图 3-5 和图 3-6 所示。当人们用特定领域的语言进行交流时就形成了一个特定的交互情境,使用该语言让关键概念和特定领域的概念进行交流。在交互设计中,交互设计语言起到了一样的作用,交互语汇如单词、图像、声音、电影、动画等也可以让参与者快速理解交互的功能或意义。

图 3-5　绘画语言

图 3-6　音乐语言

2. 交互语法

设计师的主要目标是设计一个特定的交互产品，以实现各种预期的设计目的。从语言理论的角度来看，语法是语言的基本组成部分，也是语言的底层结构[72]。语法的主要功能是按不同的构成模式设计出各种交互语汇表来生成有意义的交互作品。例如，特定领域的语法描述用于构建交互框架的基本结构及其结果意义，该领域包括交互的特征和各种交互元素之间的关系。

下面探讨三种类型的交互语法：面向对象的交互语法、面向体验的交互语法和面向参与者的交互语法。它们用于生成不同含义的创意交互作品。换句话说，不同的交互作品可以展示出每种语法类型的应用结果与交互含义。根据不同类型的语法和使用者，分别使用三种不同的语言实现上述三种交互语法：编程语言、模式设计语言和特定领域语言。

（1）面向对象的交互语法

面向对象的交互语法提供必要的功能和可用性。同时，可以使用基于情境的特定领域来操作交互产品的属性。通过这种操作方式，交互可以向个性化模式的方向发展。交互产品的用户可以使用特定领域来实现用户的目标。如图3-7所示，面向对象的交互语法旨在可用性目标下创造一个有实用功能及可用性强的交互产品。设计师往往通过研究多个用户界面和特殊的交互模型进一步探索如何将用户的操作达到简单易用的目的，从而实现设计师对交互产品的预期效果和交互体验。

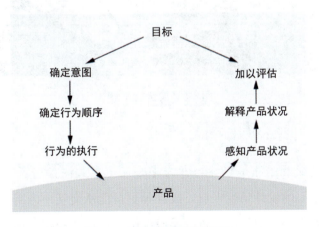

图 3-7　面向对象的交互语法

创意交互设计与开发

（2）面向体验的交互语法

面向体验的交互语法是通过人们在事物认知层面上构建特定用户来生成情境化的交互模式。它将用户的认知行为和交互产品（系统）的性能进行整合，通过设计一定的交互模式以获得预期设定的交互体验。这些交互体验是由设计师根据不同类型的设计需求和目标来定义的，如有用的、愉快的和美观的体验，如图3-8所示。一般来说，面向体验的交互语法旨在描述特定的交互过程特征，从而为用户在使用产品时带来理想的体验过程与体验感受。从另一个角度来说，设计师是经过调研了解用户的需求并根据用户期望的体验过程来创建特定领域的交互内容并组织用户的交互认知和活动的。

图3-8 愉快的体验

（3）面向参与者的交互语法

面向参与者的交互语法是以参与者为中心，重点关注参与者交互体验的设计方法[77]。从以人为中心的设计角度来看，设计师更可能从交互中为用户提供理想体验的基本框架[85]。这种方法一部分工作要依赖设计师对用户的理解，包括基于对用户在特定交互环境下的标准工作流程、认知能力、知识体系的分析和重新诠释。在交互设计领域,很多学者、设计师及相关从业者在这方面已经做了大量的工作和研究,并且探索出了许多面向参与者的交互设计方法和交互技术,如人工智能相关技术、故事板、任务工作流、场景、角色等。

3. 交互语义

交互语义是由特定领域的参与者定义交互模式从而传达参与者特定的交互概念所形成的。参与者可以通过特定领域将自己感知的抽象的交互概念转化为具体的交互产物,例如,参与者在通过界面和交互模型体验交互对象后,在交互过程中执行自己的交互语义。因此,特定领域和允许人机交互的每个参与者在物质、行为和情感层面进行相互沟通。这些可以实现,是因为终端用户可以与情境与概念进行交互来完全理解特定领域的交互概念。

特定领域是面向用户的,是作为用户的交互语法被提出的,用于改变人与交互作品的互动结果。允许用户根据其个人交互概念(包括面向对象的、面向体验的交互概念)进行个性化交互,能够为特定领域提供一种表达个人想法和体验的个性化交互方法,主要为了让用户表达其个人交互语义,如使用情境演示来实现用户想要实现的概念。人们日常的自定义产品或购买个性化服务就是例子。

因此,特定领域的交互语义将帮助参与者解决交互过程中不同阶段和层次的交互问题。通过使用特定领域的交互语义,用户可以为交互创建特定的含义,以表达其个人的交互概念。结果将由计算机以不断变化的接口和交互模型的形式来执行。表3-2所示为特定领域的交互语义架构,演示了用户如何在不同的级别下构建适当的共同点。当使用特定领域对设计人员创建的系统进行优化时,用户将完成交互语言模式的使用过程。因此,在交互领域特定语言的基础上,用户和交互作品(实际上是设计师)进行交互,可以使双方相互理解并积极合作。

表 3-2 特定领域的交互语义架构

用户的交互语义	交互模型	交互层面
以对象为中心的交互语义	操作界面与仪器交互	物质层面
以体验为中心的交互语义	情境交互界面和特定的交互模式	认知层面

3.3　创意交互体验设计

交互体验设计的内容是用户与交互产品在各类交互情景中的互动过程的结果[80]。而交互设计更多的是探索如何将人类的认知系统和产品性能整合到一个有意义的交互产品中，从而对用户的交互体验及感受产生直接影响。这意味着适当的交互系统必须与用户的个人目标和需求相匹配，并根据用户目标和需求不断地进行改进，以便自然、顺畅地完成用户特定的任务。

研究表明，构建有意义的人机交互模式会产生令人满意的用户体验，因此需要交互方式尽可能与日常交流的方式相同。这种交流应遵循人际互动的原则，主要体现在两个方面：支持不同层次的沟通和引导用户获得预期的情感体验。

为了有效地分析不同的交互框架和他们的相关经验，本书参考了 Forlizzi 和 Ford 创建的交互体验评估框架[37]，如图 3-9 所示。这个框架全面、系统地描述了用户与产品的交互活动及体验感受。当前的交互风格（包括交互工具和交互实体）在后续内容中将按上述的框架进行分类。通过这种分类，不同用户在上述人机交互中产生的体验、感受，设计师也可通过调查得出。此外，本章还探索了用户交互活动和用户体验之间的相互关系，并提供了一种在帮助设计师设计交互产品的同时可以让用户从交互中获得他们期望的体验方法。

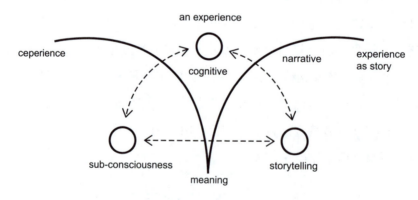

图 3-9　交互体验评估框架（Forlizzi 和 Ford）

如图 3-10 所示，根据 Forlizzi 和 Ford 创建的人机交互用户体验框架，交互可分为三类：流畅交互、认知交互和情感交互。针对这几个类别，对应的交互体验也可分为体验、经历和共同体验[86]。

第 3 章 创意交互设计语言

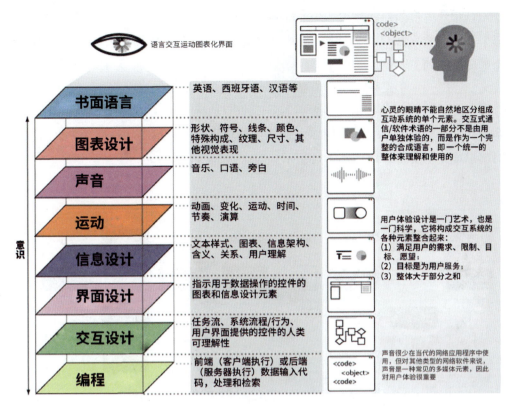

图 3-10 人机交互用户体验框架（Forlizzi 和 Ford, 2000）

3.3.1 流畅交互与体验

根据 Forlizzi 和 Ford 对人机交互用户体验框架的概述，当交互是"流畅互动类型"时，交互产品不仅是为了吸引人们的注意力，还可以将人们的注意力集中在特定的交互行为和其结果上[37]。这种互动主要集中在特定的人类活动上，如直接操作和工具互动。它的一个重要特征是它为线性的。一般来说，线性交互被主循环分割成独立的块[72]。Usman Haque 认为，这种人机交互，如打字、单击和拖动，都不是有意义的交互活动，仅仅是一种行为，就像人们经过自动门时自动门会自动打开一样[73]。

进行交互的顺序遵循一个逻辑流程，用户需要遵循这个逻辑流程才能有效地完成任务。例如，通过触摸接口来控制对象运作。Usman Haque 认为，现有的人机交互由输入和输出组成传递函数设定，而在交互活动中，交互的结果应该是动态的、理性的[73]。具体来说，在动态交互活动中，输入影响输出的精确方式可以由终端用户进行

创意交互设计与开发

更改。这是在进行与界面展示（小部件如何显示）、互动行为（它如何回应用户输入的信息）和应用程序接口（它如何发出状态更改的信号及应用程序更改状态的操作）等各个维度的互动。

因此，流畅的交互在用户与特定交互产品的直接交互任务中运作效果良好，但在复杂交互任务中的交互效果不佳[26]。例如，将用户的抽象概念转换成计算机执行的程序时就很难完全实现[74]，如图3-11所示。

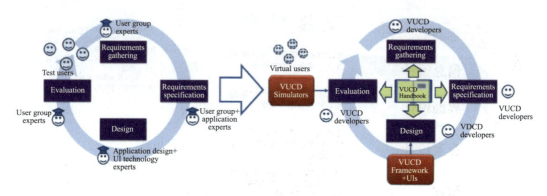

图 3-11　将用户的抽象概念转换到计算机中执行

用户体验是人们有意识不断进行"自我对话"的一部分，是根据产品的可用性而制定的。用户的个人特征对用户交互体验的质量有显著影响，然而用户的个人特征并未被考虑在内[28]，如表3-3所示。

表 3-3　流畅交互与用户体验

用户-产品交互模型	交互模型的关键特性	用户交互体验	示　　例
流畅交互	固定输入和输出，以及标准接口	可用性经验	工具交互，如单击"下一页"按钮

3.3.2　认知交互与体验

第二种交互类型是认知交互。认知交互可以产生知识，但如果产品与用户之前产生的交互体验感受不匹配，会导致人与交互产品互动出现问题[86]。内嵌式交互属于这种类型的交互。通常，设计人员的组合交互系统可为用户提供不同情景下分支的决策点。

由认知交互模型生成的交互模式为用户提供一个更有用的抽象级别，可以帮助用户理解他们与计算机的交互活动。认知交互模型是设计师通过构建互动者的认知模型和定义交互系统从而完成的一系列交互模型，如图 3-12 所示。换句话说，交互设计师在推理认知过程中得到并产生某些东西的基础上开始进行交互设计。因此，设计师可以使用适当的设计迭代方案，运用分析方法发现相关的设计问题，了解真实用户的交互需求和交互情景。与此同时，认知交互模型比流畅交互模型具有更全面的设计元素，因为它试图减少人机交互中不匹配的观点去解决一些常见的交互问题，从而提高用户的交互满意度[92]。如上所述，以人为中心的交互设计方法试图根据不同用户完成任务的方式和用户的反馈来调整他们的设计决策[93]。

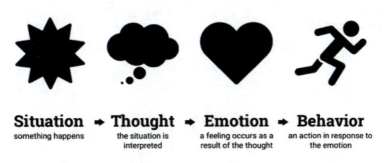

图 3-12　认知模型

然而，这种类型的交互模型只能满足用户在一定层次和场景中的交互需求。一方面，如果设计师在开始设计时从工作实践的细节考虑，将更容易设计出与人们行为和技术使用方式相匹配的系统。这样做的好处是可以设计出更适合说明和解决以人机交互为核心的问题的工作系统[31]。

另一方面，认知交互模型的范围往往过于广泛，设计师需要花费很多时间来建立一个更完整的交互认知模型，然后使用一个单独的系统模型来进行测试[93]。在设计师分析理解的基础上，认知交互模型试图包含尽可能多的用户模型信息[76]。设计师理解的结果将决定如何绘制各种接口（如 GUI、TUI）及进行交互活动（如 multimodal），如图 3-13 所示。

认知交互模型的一个例子是语义用户界面（Semantic User interface，SUI），它包

创意交互设计与开发

含通过研究用户而获知的具有特定语义的内容片段[76]。这些知识用于在使用应用程序的同时生成用户心理状态的各种模型。语义是执行者根据在系统分析和设计过程中获得的应用领域信息编写成的程序组件和数据结构。因此,认知交互基本被视为用户心理模型与应用程序中包含的领域知识之间表达的映射。目前,这种映射通过硬编码来实现,包括使用特定于应用程序的关联事件来处理程序这种相对简单的协议,是应用于用户界面、应用程序及系统组件之间的。我们将此特性称为用户界面和底层应用程序层之间的强语义交互[76],如表3-4所示。

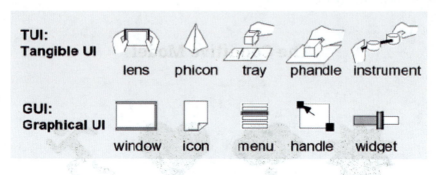

图 3-13 GUI、TUI

表 3-4 认知交互与用户体验

用户-产品交互模型	交互模型的关键特性	用户交互体验	示 例
认知交互	适应性强,接口和会话交互	一种操作体验(参与)	使用Microsoft Word或绘图系统完成特定的任务

对构建一个完整且合适的交互产品来说,最大的挑战是如何设计一个能够自适应的界面,这迫使设计师必须处理好定制化交互产品与用户之间的鸿沟。定制化的鸿沟表现为界面和应用程序功能之间的不匹配程度,即系统没有反映系统用户的定制需求。Bentley还指出,要创建一个协作系统,需要的是"一种将重点建立在定制化上的方式和方法,而不是另一种将重点放在固定的交互行为控制系统上,尤其是呆板的结构与范式"。他强调系统开发,用户可以通过适应这些系统去满足他们自身的需求,而不是被某种交互形式所约束他们如何执行工作的某种模型的交互系统[77]。

另外,认知交互的另一个挑战是,当前的用户建模大多建立在描述性理论的基础上，设计师很难将其运用于实践中完成相关的设计工作。例如，人类学方法不能为设计师提供一个全面的设计框架，特定用户的心理模型又不够稳定可靠，所以无法创造出全面的交互产品[1]。

因此，认知交互模型在特定的交互情境下对某些用户非常有效，但对其他用户来说可能效果较差，因为不同的用户对同一件物品有不同的认知能力和反应。正如我们所看到的，认知交互模型通常集中于设计一个明确的交互框架，如创建界面和指定交互模型，而不是提供一个用户和计算机的协作媒体。在很多情况下，设计师更注重把交互的方式与用户当前的能力相匹配。因为人类的个体发展及自身各方面的问题并没有得到充分的解决，所以我们认为根据个人情境创建有效交互的最佳方法是允许用户形成与计算机个性化的交互关系。因此，为了能创造有效的交互产品，交互设计人员在构思及设计的过程中必须考虑到用户具体的独特的认知模型和特征。

3.3.3 情感交互与体验

第三种互动类型是富有表现力的交互，即情感交互。情感交互是帮助用户与产品或产品的某些方面形成情感关系的交互方式。

一般来说，认知交互模型集中于设计一个明确的交互框架，如创建界面和指定交互模型，而不是提供一个让用户和计算机协作的媒体。在许多情况下，设计人员更注重把交互方式与用户当前的能力相匹配。这一概念在我们之前提到的认知交互模型设计方法中进行了强调。虽然交互透视图设计方法没有完全解决人的个体发展和反思问题，但就个体情境而言，创造有效交互过程的最佳方法是允许用户建立并塑造自己与计算机之间的交互关系，所以在设计交互产品的过程中必须考虑到用户的个人特征。

最终，通过情感交互，用户可能会始终如一地将他们的意图和情感传达给一个交互产品，并能接收到适当的反馈信息。因此，个性化交互是从表现力的交互和语义用户界面派生出来的，如表3-5所示。

表 3-5　情感交互与用户体验

用户-产品交互模型	交互模型的关键特性	用户交互体验	示　　例
情感交互	个性化的互动模式和语义的用户界面	共同的情感体验	以个人的方式操作系统

3.4　本章小结

对于创意交互设计来说，构建一个面向参与者的创意交互模式是十分关键的，本章详细介绍了创意交互语言的架构，它是由交互语汇、交互语法和交互语义组成的。交互语汇是由特定领域知识生成的交互方式的基本组成部分。交互语法是一种结构，设计师或参与者用它来构造一个交互的人工产品来生成交互模式和交互体验模型。通常，设计师定义一个特殊的交互技术，通过构建一个创意交互作品来实现特定的交互概念和交互体验。后续将以案例的形式详细介绍设计师如何通过创意阐述他们的创意交互设计理念，以及如何设计具有个性化体验的交互作品。

第 4 章 交互技术

交互媒体设计中会用到不同类型的软件和硬件。本章主要介绍三部分内容：第一部分是交互软件，其中会介绍当今流行的几种编程语言；第二部分是交互硬件，包括当今流行的交互硬件及相关的应用案例；第三部分是智能交互前沿技术，梳理并深入分析了智能交互技术对交互多媒体领域的影响和应用。

4.1 交互软件

交互软件是一种运行较复杂的软件，需要在多个软件和硬件平台的支撑下才能将文本、图形、图像等多种形式的信息进行科学合理的整合，从而形成双向交互功能强大的软件产品[78]。例如，开源交互软件是一种源代码可以任意获取的计算机软件。下面介绍几种流行的编程语言，同时分析其不同的使用优势和缺点，并重点介绍开源交互软件。

在互动媒体设计实践中，一些重要的语言被用来生成人机之间的各种对话。从交互语言设计的视角，设计师不仅要考虑如何更好地传达产品的功能和可用性，而且要让交互产品回应用户不断变化的思维和体验的交互模式，以此增强用户的个性化交互体验。基于以上观点，我们试图在交互情境中建立一种共同的语言——交互设计语言，去支持更有效的人机对话。以对象为中心的交互语法旨在构造一个个交互媒体作品，这种交互语法侧重于以对象为中心的设计概念，如系统交互设计方法[24]。以对象为中心的交互语法主要用于控制交互产品的物理性能[69]。

从技术角度看，各种编程语言（如 C、C++、Java）和模式语言，如交互模式语言和用户建模语言（UML），用于生成多种交互方式。从另一个角度来看，自然语言（如汉语、英语、法语等）和界面设计模式语言用于支持更人性化的人机交互设计。特定领域交互语言的第一种语法是以对象为中心的交互语法。然而，到目前为止，人机交互中还没有出现可以被广泛使用的交互语言[84]。因此，现在人机交互的主要语言是以计算机为导向的程序语言。

4.1.1 编程语言

编程语言是一种特定领域的交互语言，它的语法是以对象为中心的交互语法。以对象为中心的交互语法与产品的可用性和功能有关。在许多情况下，设计师根据交互产品的特定功能、特征和属性构建人机交互框架。在实践层面上，用户可以访问交互产品的功能、特性和属性。例如，用户使用绘图软件来绘图。

1. 编程语言的交互形式

编程语言可以产生一种交互形式——工具交互，这由工具的可用性所决定。工具交互以直接操作为中心，支持工具作为用户和目标对象之间的中介。在这个过程中，工具交互使用户可以直接操作不同类型的交互产品，例如，我们使用iPhone时，通过触摸操作界面来完成不同的任务。在实际的交互设计中，很多研究和实践都集中在任务分析和可用性测试上，以展示交互产品的合适结构。通常，设计工作从考虑用户的目标和意图开始，制定主要任务和子任务。例如，找到合适的工具，改变工具的属性。图4-1所示为一组控制iPhone的交互手势。当用户希望实现如打开文件或获得适当工具等目标时，就会执行这些操作。

编程语言可以支持大多数典型的、直接的人机交互操作，并实现交互产品的功能。然而，从认知心理学的角度看，交互设计不仅仅实现一定的交互功能，更重要的是让用户能够自然有效地与交互产品进行互动，这需要设计师能够根据用户的不同需要在不同的层面进行交互内容的设计，包括本能层面、行为层面和反思层面。只有在不同的交互层面满足不同用户的交互任务，才能让用户拥有愉悦的用户体验。

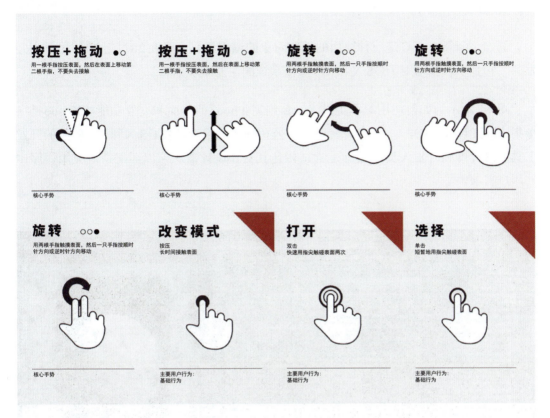

图 4-1 一组控制 iPhone 的交互手势

2. 编程语言的表达

以对象为中心的交互语法是使用编程语言实现的。使用编程语言,设计师可以全面规划交互产品的行为。编程语言通常就是指面向对象的语言[26]。为了让用户能够控制交互产品或使用与真实世界中类似的功能,设计师使用编程语言来实现直接的人机交互行为。本质上,编程语言试图使用一些基本的抽象语义,如类、对象、实例、继承、方法、信息、封装和多态性,将真实世界的模型转换成计算机程序[81]。设计从可用的硬件或任务开始,到最终生成一个交互系统,允许用户直接操作界面中的交互对象为止。因此,以对象为中心的交互语法在编程语言中表现出来的是一连串面向不同功能的命令操作及互动行为,换句话说,用户使用输入相对应的命令直接操作交互产品的系统。

由此可知,以对象为中心的交互语法根据设计师的设计概念和目的,定义了用户在特定的交互情境中如何使用工具。设计师的目的是让用户以一种预定义的方式和特定的使用情境来操作交互产品。

例如，Objective-C是一种通用的面向对象的编程语言，是在20世纪80年代早期开发的。它是苹果公司用于OS X和iOS操作系统的主要编程语言。

图4-2所示为如何使用编程工具Xcode创建iPhone的界面和交互功能。Xcode是一个集成开发环境（IDE），包含一套由苹果公司创造的用于开发OS X和iOS软件的开发工具。设计师和开发人员的目标是尝试传达其交互设计概念，以匹配特定应用程序中的用户需求。

图4-2　iPhone界面设计架构

4.1.2　创意交互编程开发及使用工具

从交互角度来看新媒体交互，交互软件的新形式让用户体验更加立体，如非触摸式手势交互、音效交互、灯光交互等多通道交互；智能化，如新技术的融入、深度机器学习；互动性更强，如与多人交互，与环境交互；应用领域广，如虚拟现实艺术交互、多学科交叉融合的新媒体交互。下面以Scratch和Processing为例介绍交互软件。

1. Scratch

由麻省理工学院（MIT）开发的Scratch（如图4-3所示）是一款面向青少年的开源编程软件。其特点是交互性强，素材表现力较好，软件可以和外部传感器进行连接。Scratch是中小学生创新精神和实践能力相结合的有效工具，为中小学阶段实施创客教育提供了帮助[81-83]。

图4-3　Scratch Logo

（1）功能介绍

由于Scratch开发的初衷是培养学生的逻辑思维、创新思维和计算思维，并且其具有共享、简单、易用与可视化编程的特点，今后的发展具有很大的潜力。Scratch具有以下特点。

- 入门级的编程学习体验。学生在使用软件的过程中学习编程语言，并培养逻辑思维。

- 利用软件创作的程序进行各类学习。使用Scratch创作的程序简单且易操作，而且界面效果能够使学生产生兴趣，在学习编程的初期有着事半功倍的效果。

- 与其他可视化编程语言相比，Scratch的程序语言依据的是"积木"的思想，

创意交互设计与开发

通过搭积木的方式使多种指令集合起来。有100多种"积木"可供使用，学生在编程时就像玩积木一样，有时甚至不需要了解每块积木代表什么内容，也不需要有较高的文字基础。Scratch程序界面如图4-4所示。

图 4-4　Scratch 程序界面

- 提供了一个视觉图像库。学生可以在开始学习的时候用图像编写程序，根据自己的兴趣创作喜欢的角色和场景。

（2）使用特色

Scratch官方网站（如图4-5所示）是一个庞大的学习社区，有近百万注册用户和近200万件上传的作品，在这里可以对他人的作品进行学习和再创作[85]。Scratch 2.0在1.0的基础上增加了"云数据"功能，在界面方面进行了改进，还添加了"My Blocks"指令集（如图4-6所示），允许用户添加新的程序组块，可供重复调用。除保留对"Scratch"名称和小猫Logo的权利外，Scratch软件开发团队公布了源码，允许使用者对其进行任意修改、发布、传播。同时，Scratch 2.0的分享与交流功能得到了很大提升，新版本主要基于Web平台来操作，但也支持脱机版以供在非网络环境下使用。

第 4 章　交互技术

（3）可视化编程

Scratch 是目前从零开始学习编程的广泛使用的一款创意编程工具，通过单击并拖动的方式可以完成可视化编程，并赋予角色简单的动画。使用 Scratch 可以让初学者甚至无编程基础的人员做出丰富有趣的动画案例，还可以在 Scratch 网站上分享作品（如图 4-7 所示）。

图 4-5　Scratch 官方网站

图 4-6　"My Blocks" 指令集

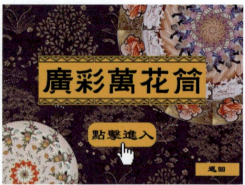
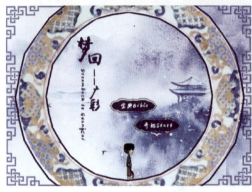

图 4-7　智能手工艺国际工作坊游戏作品分享

（4）Scratch 在教学中的应用举例

- "吃豆人"游戏的效果如图 4-8（a）所示。玩家控制主角移动，一般使用鼠标或键盘操作，当主角遇到豆子时就把豆子吃掉，系统记录被吃掉豆子的数量。这个游戏没有加入太多的游戏规则，策划者可以自由发挥，如时间限制、特殊的豆子要多加分甚至扣分等，还可以设计多主角一起抢豆子。这些游戏规则可以增加游戏的乐趣。

- "迷宫之识字篇"的效果如图 4-8（b）所示。此游戏是为刚刚学习识字的儿童设计的，儿童像走迷宫一样去完成每个字的偏旁和笔画的书写。在走完每个迷宫的过程中，儿童通过移动鼠标的重复操作形成了动作反射，这对初期培养儿童的识字与书写兴趣是很有帮助的。

- "认识颜色篇"的效果如图 4-8（c）所示。使用生活中常见的色彩鲜艳的物品教儿童认识各种各样的颜色，而且此游戏有配音，使用录好的教学音频教儿童认识各种颜色，特别适合没有认字能力或不能识别复杂汉字的儿童。

第 4 章 交互技术

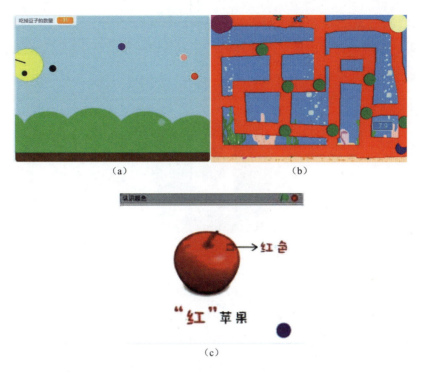

图 4-8 教学应用举例

由此可见，Scratch 在青少年编程教学上有着独特的优势，如表 4-1 所示。

表 4-1 Scratch 在青少年编程教学上的优势

优势	解释
应用简单	方便教师快速掌握并设计出有效、生动的教学作品，而且设计方式自由，能满足多数教师的需求
自带录音功能	可以将教师的教学音频添加到程序中，通过教师的音频进行指导，这样就解决了幼儿因汉字识别能力不强而无法学习的困扰
程序色彩丰富	能够引起青少年的注意力和兴趣
具有交互性	青少年通过简单的操作就能实现教学的反馈，还可锻炼动手能力
数字逻辑运算模块	可提高用户认知能力，也可提高青少年的算术技能
自带丰富的音频和音效	强大的声音功能适合幼儿对声音敏感这个特性，有助于幼儿形成稳定的声音认知
支持自由创作的画笔功能	教师可以设置创作主题，来锻炼青少年的动手能力，培养青少年的想象力

2. Processing

Processing 是一种用来生成图像、动画和交互软件的编程语言。2001 年，Casey 和

创意交互设计与开发

Ben Fry共同创建了Processing（如图4-9所示）。其特点是简单、有效、大量的开源资源。它让设计师可以更自由地使用计算机语言，利用计算机高速运算处理的性能去表现自己对数字媒体的理解与创意。

图4-9　Processing 图标

Processing 的设计特色是编写一行代码后就能在屏幕上看到绘制的图形。例如，编写一个圆形代码，屏幕上出现一个圆形；增加一行代码，这个圆形就跟随鼠标移动；再增加一行代码，这个圆形就随着鼠标的单击而变换颜色[87]，如图4-10所示。这一系列动作称为用代码绘制草稿。而这种反馈的特性使它成为一种流行的编程教学方式。Processing在展览中的应用如图4-11所示。

图4-10　Processing 开发环境

图 4-11　Processing 在展览中的应用

4.2　交互硬件

交互硬件通常是指开源交互硬件,即使用与开源交互软件相同方式设计的计算机和电子硬件。开源交互硬件有一个模块化、可拓展的硬件平台,主要用来反映自由释放详细信息的硬件设计,如电路图、材料清单和电路板布局数据,通常使用开源软件来驱动硬件[79],如 Arduino、Raspberry Pi 和 micro:bit 等,如图 4-12 所示。任何人都可以免费获得交互硬件的设计资料,并且对原设计进行学习、修改、公布和应用。交互硬件以知识共享为初衷,原开发者鼓励他人对已有的设计进行修改和优化。交互硬件开放的内容比开源软件更丰富,包括源代码、电路图、元器件清单、电路板布局信息及与使用相关的所有文档。交互硬件具有开放共享性、二次开发性,同时具有一定的教育价值和商业价值。

图 4-12　Arduino、Raspberry Pi 和 micro:bit

4.2.1 micro:bit

micro:bit 是由英国 BBC 推出的专为青少年编程教育设计的微型计算机开发板，配有板载蓝牙、加速度计、电子罗盘、两个按钮、5×5 LED 灯等，如图 4-13 所示。BBC 希望通过 micro:bit 吸引青少年参与到创造性的硬件制作和软件编程中，而不是每天沉浸在各式娱乐和消费中[88]。

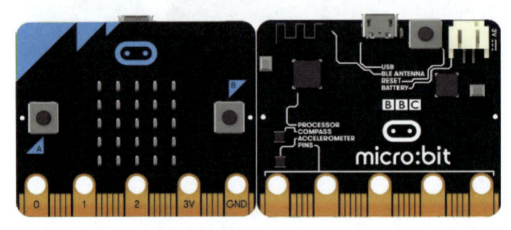

图 4-13　micro:bit

micro:bit 拥有一系列新颖的功能，如 25 个可显示消息的红色 LED 灯；两个可编程按钮，用于控制游戏操作或暂停/播放一段音乐。micro:bit 可以检测动作并且告之动作进行的方向，也可以通过低功耗蓝牙模块与其他设备或互联网连接。同时，micro:bit 通过鳄鱼夹与各种电子元件互动，支持读取传感器数据、控制舵机与 RGB 灯带等，因此能够轻松胜任编程相关的教学与开发场景。此外，micro:bit 还可用于电子游戏、声光互动、机器人控制、科学实验、可穿戴装置开发等，如图 4-14 所示。

 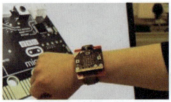 

识别类（植物水分检测）　　　穿戴类（智能手表）　　　音频类（音乐播放器）

图 4-14　使用 micro:bit 开发的作品

显示类（表白灯）　　　仿真类（仿真倒车雷达）　　　控制类（智能小机器人）

图 4-14　使用 micro:bit 开发的作品（续）

4.2.2　Arduino

Arduino 是一个便捷、灵活、易于学习的开源电子原型平台，包含具有 I/O 功能的电路板和程序开发环境（Arduino IDE），如图 4-15 所示。Arduino 用于开发交互式产品，如使用各种传感器来感知环境，使用 LED 灯、蜂鸣器、电机和其他装置获得反馈信息，从而影响周围环境。使用 Arduino 的编程语言可以编写程序，将其编译成二进制文件并烧录到微控制器中。

图 4-15　Arduino

Arduino 具有标准化的外置接口，支持很多控制器、传感器等设备，其官方网站主页如图 4-16 所示[89]。另外，相关网络资源丰富，还有专门的社区平台供 Arduino 爱好者进行交流和学习。使用 Arduino 开发的作品如图 4-17 所示。

图 4-16　Arduino 官方网站主页

图 4-17　使用 Arduino 开发的作品

4.3　智能交互前沿技术

　　人工智能技术是关于人造物智能行为的技术，这些智能行为包括知觉、推理、学习、交流和在复杂环境中的行为，其长期目标是制造出可以像人类一样或能更好地完成以上行为的机器。人工智能的出现，加强了人与机器之间的对话，让机器更好地为人类的生活和生产服务。

目前，人工智能作为一种前沿学科在计算机科学领域正处于被大量关注的时期。一方面，因为科技的飞速发展使人们对生活的需求不断变化，单纯的计算机技术似乎已经无法满足人们的需求。计算机不仅要提供更加智能化的服务，而且要提供更加人性化的服务，只有这样才能逐渐满足人们日益增长的使用需求。另一方面，科学的发展已经给人工智能技术进入人们的生产和生活提供了良好的基石，更进一步促成了人工智能技术的应用和推广[90]。

下面基于用户与机器之间进行交流操作时主要使用的触摸、语音、动作和视觉等自然感官的顺序介绍人机交互技术，包括多点触控/多重触控交互技术、智能语音交互技术、动作交互技术、眼动交互技术、虚拟现实技术及多模态交互技术等。

4.3.1 多点触控/多重触控交互技术

多点触控/多重触控交互技术是由人机交互技术和硬件设备共同实现的技术，在没有传统输入设备的情况下，通过一个触摸屏或者触摸板能够同时接收来自屏幕上多个点的人机操作[91]。例如，通过触摸屏操作 iPad 如图 4-18 所示。目前，已有电阻式触控技术、电容式触控技术、红外触控技术、表面声波触控技术等能够用来实现触控交互[92]。这种交互方式自然、简便、高效，逐渐向我们现实中双手操控的方式靠拢。

图 4-18　通过触摸屏操作 iPad

puppy cube智能触控投影（如图4-19所示）得到了多点触控/多重触控交互技术的加持，支持最多10点触控。触控投影屏幕最大为23英寸，人们可以做更多的事情。例如，在书房，使用puppy cube打开WPS Office，就可以在桌面上直接输入文字。puppy cube的投射漫反射成像大幅度减少了有害蓝光能量，也没有屏闪刺激，有利于保护青少年的用眼健康。又如，将puppy cube放在厨房，它就是不用擦"屏幕"的在线美食中心，各式菜肴随学随做，人们不需要费尽心思去想菜谱，而且"屏幕"防水防油。

图4-19　puppy cube智能触控投影

金山农民画是上海金山的民间传统艺术之一，以江南水乡风土人情为主要题材，融合多种民间艺术表现手法，大胆地进行了艺术夸张。同济特赞设计人工智能实验室范凌团队通过Tezign.EYE机器学习引擎，对现有金山农民画的风格特点进行解构、提炼和学习。人工智能技术让每个人都可体验传统文化，当观众在屏幕上绘制简笔画后，Tezign.EYE能够在观众简笔画的基础上进行再创作，一秒即可生成能够下载与保存的专属金山农民画，如图4-20所示。

图4-20　AI赞绘：金山农民画

4.3.2 智能语音交互技术

随着智能语音交互技术的不断进步,万物互联成为智能设备的发展焦点。与传统模式相比,智能语音技术在很大程度上解放了人们的手和眼,为人们的日常生活提供了便利,也可以为特殊人群服务。同时,语音交互技术可以使机器实现自主学习,解决人们长期为机器服务的局面。智能语音交互技术由于其自身的特点,具有不可替代的优势。在智能家居产品中,以智能翻译机、智能音箱发展最为迅猛,这得益于智能语音助手技术的提升,越来越多的智能家居设备植入了语音助手功能。智能语音交互技术使人机对话从理想成为现实。语音作为最自然的人机交互方式之一,近年来在人工智能技术的驱动下取得快速发展,目前语音交互技术正在各个领域潜移默化地改变着人们的生活习惯[92]。

以智能语音交互技术为基础的"智能语音分析质检系统"融合了云计算、语音处理、商业智能和互联网技术,以实现语音数据的高效质检、分析统计和数据挖掘等应用为目的,已经广泛应用在互联网、汽车、旅游、保险、教育等行业。小A智能语音质检系统如图4-21所示。

图4-21 小A智能语音质检系统

在会议记录方面,智能录音笔代替了传统录音笔。使用智能录音笔录音2小时的内容,5分钟即可出稿,还能进行语音翻译对话交流。搜狗智能录音笔如图4-22所示。

创意交互设计与开发

智能录音笔的功能有一键录音实时转写，通过结合回声抵消、噪声抑制、混响消除等语音降噪技术及声纹识别、语音识别、智能语义纠错等技术，实现应用场景与语音语义技术的高度融合，将转写效果大幅提升。智能录音笔具有准确率高、实施快捷、使用方便等特点，在新闻发布会、演讲等场景下转写准确率高达98%以上。

图4-22　搜狗智能录音笔

4.3.3　动作交互技术

动作交互技术通过动作传递信息的交互，包含接触式和非接触式两种动作识别方式，主要用于游戏类产品，其操作形式比较丰富，可以提升游戏的娱乐性。

另外，华为Mate30中使用了一种相对新颖的交互形式——隔空手势操作，如图4-23所示。当用户的双手不方便操作手机时，用户仍然可以无障碍地使用手机。

巨幅剪纸作品《上海童谣》长17米，原作者是现代重彩画家、海派剪纸艺术大师李守白。同济大学设计创意学院数字动画与数字娱乐实验室柳喆俊团队利用交互装置，通过屏幕顶部的感应器来判断观众的密集程度，让整个卷轴画面的动态效果与观众人数的密集程度成正比。环境是动态的，一开始人物角色是静止的，当围观的人越来越多时，画面上的角色会逐渐运动起来，呈现出一派欢乐的景象，如图4-24所示。

第 4 章 交互技术

图 4-23 华为官方宣传片截图

图 4-24 巨幅剪纸作品《上海童谣》

创意交互设计与开发

《万毫齐力——书画智能动态展示》（如图4-25所示）装置由韩天衡美术馆与上海工艺美术职业学院合作开发，体现了中国传统文化和当代智能科技的有机融合。中国传统书画的收藏和展示往往以成品结果呈现，观众很少能看到作品创作的过程。而书画之美不仅在于成品，还在于挥毫间笔墨流转的创作过程。该装置使笔墨"活"了起来，通过大屏幕生动地展现了笔墨的动态勾勒之美及用笔发力技巧，使观众领略到书法绘画作品中一笔一画的创作过程和韵味。另外，现场展示时，在人机互动装置中以激光雷达作为传感器，能够实时感知观众与屏幕的距离，并基于此实时调整视频的播放速度。观众和屏幕离得越近，笔触的移动速度越慢，观众越能深入体会作品的细腻笔法；而观众逐步远离屏幕回到原位，笔触的移动速度又会逐步加快至正常状态。这样一来，观看主动权交由观众掌握，观众想重点看哪部分可自由选择。在此过程中，不仅普通观众能够身临其境地感受书画的艺术创作价值，书画爱好者和专业人员也能获得"隔空"交流切磋技艺的机会。

图4-25 《万毫齐力——书画智能动态展示》装置

作品《一个孤独的开关》（如图4-26所示）以互动影像的形式呈现，由一个屏幕、一个开关和一个灯泡组成。体验者拉下开关则灯亮，同时屏幕上会随机显示一段富有感染力的片段。播放时，使用开关无法控制视频和灯泡，灯泡随视频的结束自动熄灭。用户通过控制这个特殊的开关（只能开，不能关），每次都能在屏幕上看到一段随机的片段，感受一份截然不同的情感。

图 4-26 作品《一个孤独的开关》

4.3.4 眼动交互技术

眼动交互技术是以视线跟踪为基础的，能将眼动数据转变为视线控制指令的一个技术[93]。视线跟踪技术用于收集视觉通道信息，记录人眼的凝视、跳动、平滑尾随等活动；视线控制技术则为眼动交互提供控制机器的可能性[94]。眼动交互技术之前主要用于服务肢体残疾人员，使之可以通过眼睛与计算机、智能轮椅等进行交互[95]。近年来，部分学者发现眼动交互技术可用于人与电视机、平板计算机、手机、头戴式显示器进行交互[96]。

眼动仪用于研究正常儿童与自闭症儿童在社交行为与注意初期特征的差异。研究人员希望发现自闭症的早期征兆，从而使其在某种程度上帮助诊断和进行早期干预。自闭症的诊断依赖于判断患者的症状是否满足诊断标准。眼动数据分析是此诊断体系中的一种有效方法（如图 4-27 所示）。近几年，无须颌托或佩戴束缚性头托的非侵入式眼动追踪系统已经能提供更加准确的数据，使儿童甚至婴儿的眼动追踪测试像成年人测试一样简单。

图 4-27　大阪大学使用 Tobii Pro 眼动仪对自闭症进行研究

4.3.5　虚拟现实技术

利用虚拟现实技术可以提供创建和体验虚拟世界的计算机仿真系统，利用计算机技术生成一种模拟环境，如图 4-28 所示[97]。虚拟现实是利用三维图形生成、多传感交互、多媒体、人工智能、人机接口、高分辨显示等高新科技，对现实世界进行全面仿真的一种技术[98]。虚拟现实技术具有沉浸性、交互性和想象性三大特征。沉浸性是指使用者存在于虚拟环境中的逼真程度，利用虚拟现实技术能够提供给使用者一个真实的虚拟环境，让使用者在生理和心理上对虚拟环境难辨真假，如同处在现实世界一般；交互性是指使用者实时地对虚拟空间的对象进行操作和反馈；想象性是指虚拟现实技术具有广阔的想象空间，可以拓宽使用者的认知范围，再现真实环境，也可随意构想客观不存在的环境[99,100]。

虚拟现实技术被应用在多个领域，例如，在艺术领域就被大量使用进行艺术展现和创作。梵高作为"后印象派"最杰出的代表之一，其作品具有强烈的艺术感染力。因梵高原作太过珍贵，国内博物馆想从海外引进梵高原作举办展览，一直未能如愿。然而虚拟现实技术与穿戴式设备的日渐成熟，为梵高作品从博物馆"走"出去创造了有利的条件。长沙博物馆的《走进梵高——虚拟现实艺术大展》(如图4-29所示),采用虚拟现实技术让观众畅游梵高的"一生""艺生""忆生"三个不同空间层次的世界,纪念这位艺术巨匠短暂而灿烂的人生。展览采用艺术与科技结合的方式,形式设计以梵高艺术色彩的主旋律黄、蓝对比色和梵高经典代表作为主视觉进行渲染,突出展览主题的同时具有强烈的视觉冲击力。梵高名作《夜间咖啡馆》的VR互动作品(如图4-30所示),引领观众走进梵高于1888年创作的油画中。观众通过移动控制器观察油画中房间里的人和物,以一种全新的方式来欣赏作品;如果足够幸运,或许会遇到梵高"本人",一起共赏梦幻星夜;如果足够仔细,还会看到一些梵高的其他作品和密室里暗藏的玄机。

图 4-28　虚拟现实技术

图 4-29　《走进梵高——虚拟现实艺术大展》

图 4-30 《夜间咖啡馆》的 VR 互动作品

在我国数字非遗领域也出现了一批优秀的虚拟现实作品,例如,敦煌文化遗产数字化研究成果虚拟现实博物馆运用虚拟现实、增强现实等技术,让人身临其境,使大唐气象的精美佛像壁画仿佛触手可及(如图 4-31 所示)。利用虚拟现实成像技术及人工智能技术把敦煌莫高窟的洞窟进行复制,使观众有身临其境的体验,大大增强观众对敦煌莫高窟认识的同时也有利于非物质文化遗产的保护,减少文物的损毁概率。

图 4-31 敦煌文化遗产数字化研究成果虚拟现实博物馆

4.3.6 多模态交互技术

将不同形式的输入组合起来形成了多模态交互模式,其目标是向用户提供与机器进行交互的多种选择方式,以支持自然的用户选择[101]。多模态交互技术主要研究视觉、听觉、触觉、嗅觉等多模态信息的融合理论和方法,使用户可使用语音、手势、眼神、表情等自然的交互方式与机器系统进行通信,特别在人与计算机交互的过程中,能有效实现信息传递。

百度旗下产品小度在家(如图4-32所示)搭载了百度的语音处理人工智能技术,在受语音控制的同时,还可以通过屏幕显示内容,使人机交互性更加强大。

图 4-32　小度在家智能屏

七宝皮影吸纳上海当地的传统戏曲、美术、民间文学与方言的特点,并结合城市时尚元素,具有鲜明的海派个性,曾在上海盛极一时。由同济大学设计创意学院亚洲生活方式和设计基因研究室曹静团队联合上海大学数码艺术学院柴秋霞团队共同创作的皮影戏《大圣驾到》(如图4-33所示)以七宝皮影的艺术风格为基础,将传统皮影艺术与多感官交互技术相结合。作品以"点兵""选将""擂台""巡游"原创交互剧本演绎皮影版《大圣驾到》,融汇中国南方传统皮影艺术造型精髓的同时,利用动态骨骼生成算法为传统皮影艺术的动态演绎及叙事模式创新开辟新途径。同时,作品依托智能传感技术,颠覆传统皮影戏观众的角色定义,让观众能沉浸于作品中,通过鼓乐交互参与到皮影戏的表演中。

图 4-33　参观人员体验皮影戏《大圣驾到》

《魔法牛皮纸》是一个新媒体光影艺术交互装置,其核心是在保留传统牛皮纸舒适质感的基础上,将普通的马克笔与 AirBar、Kinect、Leap Motion、WebCam 等手势感应器相结合,设计出一种基于实体触摸、手势识别的触摸互动装置,如图4-34所示。其中设计了三种主要交互方式:第一种是用户可预先绘画,画可与桌面投影交互;第二种是用户直接触摸桌面投影进行交互;第三种是用户可直接隔空交互。结合不同的主题特点,还可对以上交互进行组合设计,力求呈现有趣的交互艺术。

 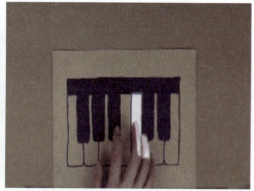

图 4-34　《魔法牛皮纸》新媒体光影艺术交互装置

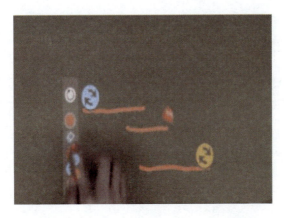

图 4-34 《魔法牛皮纸》新媒体光影艺术交互装置（续）

4.4 人工智能对创意交互设计的影响

1. 加速创新

人工智能技术的运用会进一步促进创新，在当前产业结构升级的大背景下，具有非常实际的意义。创新是发展的原动力，也是实现绿色发展和可持续发展的重要基础。人工智能加速创新体现在多个方面，例如，对资源的有效管理就是比较常见的途径[71]。

2. 扩展传统设计的局限

21世纪是信息的时代，随着大数据、云计算、物联网技术的发展，很多产品已呈现为智能化、数字化的形式，从而进一步提升用户体验。现阶段的人机交互已呈现为模糊智能化交互形式，并逐步向自然交互方向发展。在人机交互中，人工智能的主要功能是将用户的一些模糊习惯识别为准确的交互意识，通过自然的方式实现人机交互，让机器去适应人。

当前，人机交互的表现形式为近距离或有效接触，最终将发展为新型共生关系模式。也就是说，使用移动、接触点选等方式，用户可以导入或操控数据。人工智能技术的不断发展，将实现控制功能的进一步扩展，除实体操作外，其他功能均可通过智能语音、图像识别等形式体现，甚至可通过语音、动作来输入指令并自动完成任务。

3. 增强人与交互作品情感互动

人是情感动物，传统人机交互并不具备情感，无法真正理解或适应人的情绪，难以真正达到人机自然相处。但是，情感和智能密不可分，利用生物计量传感器可以对皮肤反应、脑电波等进行详细测验；通过数据的长期累积，拥有自主功能的机器学习可以很好地掌握用户的情绪，并做出合适的反应。交互多媒体的应用会涉及如何使用人工智能技术对交互作品进行更加个性化的交互设计，以实现更高层次的情感交互体验。

4.5 本章小结

本章主要针对交互媒体设计中不同类型的软件和硬件进行分析和探讨。第一部分是交互软件，主要介绍编程语言的交互形式和表达，以及 Scratch 和 Processing。第二部分主要介绍交互媒体设计所涉及的硬件，包括 micro:bit、Arduino 和 Raspberry Pi 等。第三部分针对人工智能的不断应用，探讨人工智能技术如何加强人与机器之间的对话，让机器更好地为人类的生活和生产服务，尤其是深入分析人工智能技术对交互多媒体领域的影响和应用。

第 5 章 创意交互设计案例

完成创意交互设计方案是作品设计与制作过程中的一个重要环节,一个好的交互作品可以向用户传达使用信息,让用户轻易上手,减少使用过程中的问题,从而提升用户体验。与此同时,一些奇思妙想的创意交互设计使交互作品变得十分有趣,增加了作品观赏、体验过程中的趣味性。

5.1 设计方案

项目设计方案一般包括概述、现有基础、总体设计和主要工作任务4部分内容。其中,概述用于简要描述项目的背景、目标、主要内容和工作原则等;现有基础是当前已经具备的条件;总体设计是对整个交互作品所涉及的技术框架、数据框架、服务框架等进行设计,是整个方案最核心的部分;主要工作任务是项目总体设计的具体实现,按照总体设计中的技术框架分解项目的具体工作任务。交互设计项目的创作流程主要有10个步骤,分别为"灵感来源""作品立意""前期调研""总结需求""确立概念方向""概念设计""可用性测试""方案评估与调整""制作低保真模型""制作高保真模型",如图5-1所示。

5.2 概念方案(交互语义)

确立概念方向后,设计的下一步是围绕不同的功能方向生成数个初步设计概念,并通过不同的设计想法和方式寻求解决问题的最优方案。此时需要注意的是,依据项目主题及设计问题讨论解决问题的手段,而非直接选择漂亮的界面或图标。对初步的设计概念,可以通过故事板、交互信息架构、任务流程图、线框图、草模制作等可视

创意交互设计与开发

化方式辅助方案呈现,并推敲设计可行性。通常,交互概念由两个主要因素派生而来:一个是在交互设计阶段就已经完成的用于构建交互的设计意图和领域知识,另一个是基于参与者在与作品交互过程中的个人领域知识和互动需求。在创建一个交互作品前,设计师通常要建立一个设计概念——一个关于主要交互作品、交互情境和预期互动体验的设计概念。这是建立可理解的创意交互模式的第一步。在此基础上,特定领域交互设计概念的目的是构建人与交互作品交互的意义。如前文提到的,交互的最初概念是建立在设计师的交互概念上的,这些包括产品的属性、交互情境和参与者的互动体验。设计师的交互设计概念主要由两种类型的交互语义构成:以对象为中心的交互语义和以体验为中心的交互语义。

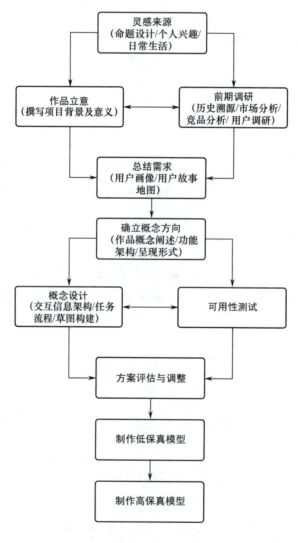

图 5-1 交互设计项目的创作流程

第 5 章 创意交互设计案例

第 3 章描述了创意交互设计的本体语言，详细介绍了创意交互作品的语汇元素，如文本、图像、声音、时间、空间及人类活动等，都可以按照语言结构组织在一个会话系统中。特定领域的交互语言是一种用户导向型的语言，它允许用户使用情境交互模式来构建与绘画工具相关的基本交互语义。用户进入绘图系统的情境将影响相应的交互界面和交互模型。在此过程中，特定领域的交互语言允许用户基于其领域知识、交互概念、需求和目的与绘图系统建立交互关系。用户利用特定领域的交互语言来解决使用系统进行绘画过程中的不同问题，并以个性化的方式开发属于自己的特定系统。

也就是说，一个定义良好的语言结构可以帮助设计师根据交互设计的概念在语义上勾画出人机交互的设计过程。设计过程可以理解为在特定的交互产品与用户之间传递预定义信息的过程。根据人们的交流模型，转换过程包括两个阶段：第一阶段，设计师创建原始的信息设计概念，生成具有特定界面布局和交互模式的实际交互产物；第二阶段，用户需要通过界面和导航系统来接收信息。交互语言设计模式如图 5-2 所示。

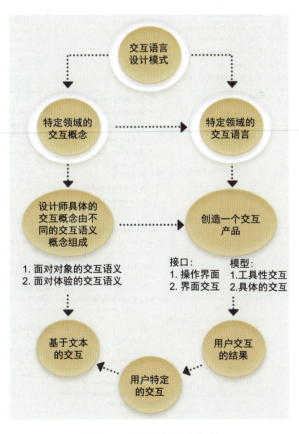

图 5-2　交互语言设计模式

创意交互设计与开发

在建立概念方案阶段,设计师的主要任务是建立交互设计概念,基于特定的目的构建相对应的交互系统。例如,设计一个个性化的绘画软件,交互语义帮助用户轻松自然地使用特定的绘图系统进行创作。因此,设计的重点是创造一个在绘画领域面向用户的交互语言来建立其个性化的交互语言系统,让用户创建出他们理想中的交互概念,并为人与机器在交互模式上建立共同的语言基础。绘画语言包含专业语汇库、概念,以及它们之间的关系和属性。它提供了一个关于美术绘画的基本知识范围,并帮助设计师开发一个美术领域的绘图系统。例如,绘画语言包含绘画的基本概念,包括点、线、面、色彩、空间等。更重要的是,它建立在一个基本的知识框架上,即人们在传统的绘画方式中所必需的工具与绘画元素。图 5-3 所示为 Photoshop 中的一些关键组件和图标。下面演示如何构建绘图的交互语言设计模式来实现个性化交互模式。

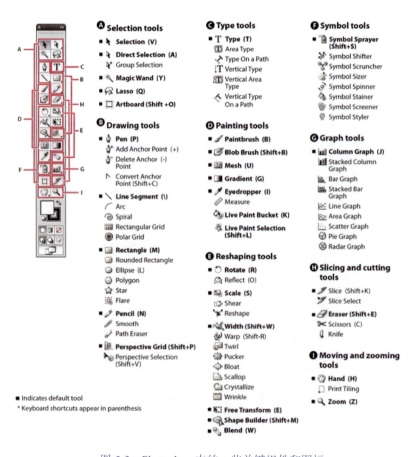

图 5-3　Photoshop 中的一些关键组件和图标

5.3 素材的收集、选择（交互语汇）

著名散文作家秦牧说："一个作家应该有三个仓库：一个装生活中得来的材料；一个是装间接材料的仓库，即书籍和资料得来的材料；另一个就是日常收集的人民语言的仓库。有了这三种，写作起来就比较容易。"作为创意交互设计师，想要有源源不断的创作灵感，就必须要有足够的素材积累。创意交互设计师在设计一个创意交互作品时，应该掌握三个基本的交互语汇：参与者、交互作品（系统）和交互情境。它们构成了每个常规的交互作品。

下面介绍如何通过集成上述不同维度的交互语汇来构建绘图系统。创建一个交互原型，用于探索终端用户使用绘图系统的方式。为了实现这一点，可以使用不同类型的交互词汇表，包括可视化表现形式（如图标、按钮，如图5-4所示）、信息体系结构（如调色板）等。

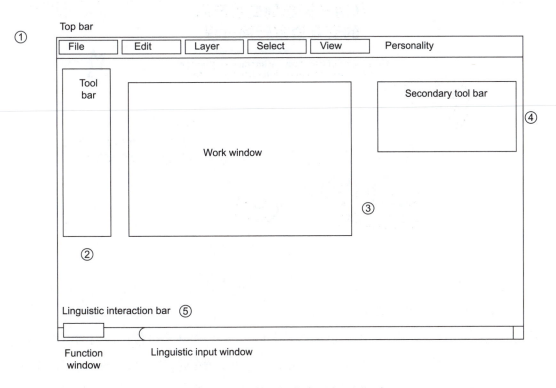

图 5-4　绘图系统可视化表现交互词汇表

5.4 创意交互设计与制作(交互语法)

前面介绍过三种交互语法:面向对象的交互语法、面向体验的交互语法、面向用户的交互语法。它们分别对应不同的语言:编程语言、模式设计语言和特定领域交互语言。设计师的主要目标是设计一个特定的交互产品,以实现各种预期的设计目的。语法的主要功能是通过交互概念设计出前面提到的交互词汇表来生成有意义的交互作品。创意交互语言设计框架如图5-5所示。

图 5-5　创意交互语言设计框架

设计师需要为特定的交互产品提供一个原创的设计理念,以建立用户与计算机之间的基本交互关系。设计师的交互产品设计概念是基于各种交互技术来构建的。因此,特定领域交互语言的作用是用户使用这种交互语言可以向计算机传达他们的需求与目的,以建立他与计算机之间基本的交互关系。例如,特定领域交互语言的语法描述了用于构建交互框架的基本结构及结果意义。该领域包括交互的特征和各种交互元素之间的关系。

在实践层面上,用户开发自己的交互语义系统来达成与交互作品的合作需要经历三个阶段,分别是:物质阶段、认知阶段和反思阶段。这个过程称为"语言语用学",与特定用户如何使用其领域知识来实现个性化交互模式有关。用户的交互模式涵盖参与者与计算机之间交流的不同方面和层次。例如,用户在无法找到合适的可运用于该特定领域交互系统的操作指令或者难以操作绘图工具的情况下,可以使用以情境为基础的交互模式来定制个性化的应用程序,以达到他们理想中的交互目的。情境交互允许用户根据其个人经验进行个性化交互。因此,人机交互的方式将变得更有意义和更有效。

5.4.1 低保真原型设计

低保真原型(Lo-fi Prototype)设计是将设计概念转换为有形的、可测试物的一种简便快捷方法。它的首要作用是,检查和测试产品功能,而非产品的视觉外观。低保真原型是在设计初期帮助设计师验证想法的粗略表述,用于表现产品的重点功能和基本交互过程,具有制作成本低、耗时短、修改方便、易于携带和展示等优点。

图 5-6 所示的是为智能绘画系统设计的一个低保真原型设计草稿,用于探索终端用户使用绘图系统的方式。对首次使用绘画系统的用户,设计师一开始无法预知不同使用者是如何基于他们自身的知识来使用这个绘图系统的。用户对特定领域的知识有不同层次的了解。有时,某些用户可以很容易地找到操作界面和操作绘图系统的方法,另一些用户可能会在查看系统界面后仍然无法找到合适的工具来完成目标任务。在传统的 GUI 中,用户可能翻遍菜单才能找到合适的工具。相反,在原型应用程序中,用户能在功能区输入相关词语来定位到想用的工具,使其立即投入工作。使用以交互语义情景为基础的交互模式,用户可以添加或删除元素来定制界面工作区的每个功能元素。

在认知层面,交互的目的是使用户能够在设计师所构成的绘画界面与交互行为之间建立一个共同的基础,让交互成为有意义的互动。在情感层面,用户通过与绘图系统不断交互的过程自定义绘图系统,生成用户指定的交互语言。使用交互语义,用户可以在与其心智模型相关的特定情境中为特定的任务或目的勾画出自己的交互模式语言,目的是通过用户参与个性化过程,逐步生成针对特定用户的特定交互界面。用户

创意交互设计与开发

能根据自己的意愿,将他们的交互方式系统化,以完成他们的任务或目标。例如,用户在修改界面时越自信,系统越容易实现他们的目标。

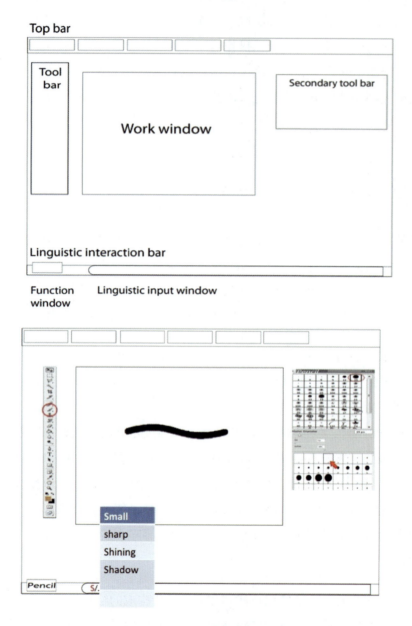

图 5-6 智能绘画系统低保真原型设计草稿

对终端用户来说,设计师交互语义的识别程度取决于用户对包括分类、对象、个体、关系、规则和交互在内的绘图系统的理解和使用程度。此外,不同用户会因分类空间、感知能力和交互目的的不同而产生不同的反应。而新的界面是通过用户与计算

第 5 章　创意交互设计案例

机运用特定的交互语言进行持续对话所创建的,通过有意义的交互实现用户的意图及交互的意义。

5.4.2　高保真原型设计

高保真原型（Hi-fi Prototype）的呈现和功能,应尽可能类似于发布的实际产品。高保真原型又可以称为产品的样本,除没有真实的后台数据进行支撑外,几乎可以模拟前端界面的所有功能,从视觉显示和交互动作上都与真实产品大致相同。高保真原型是交互和视觉方案的合体延伸,其重心还是用户目的。制作高保真原型可以显著降低沟通成本。高保真原型是可操作、可体验的,与用户的互动行为相关。现在,已有很多软件用于制作交互设计产品的高保真模型,根据作品想要呈现的方式有不同的搭配组合方式。

例如,创建一个智能绘画系统的高保真原型,因为它是一个基于网页的绘画系统,所以使用编程语言JavaScript来完成高保真原型的设计与制作。最终的高保真原型如图5-7所示。

图 5-7　智能绘画系统高保真原型

创意交互设计与开发

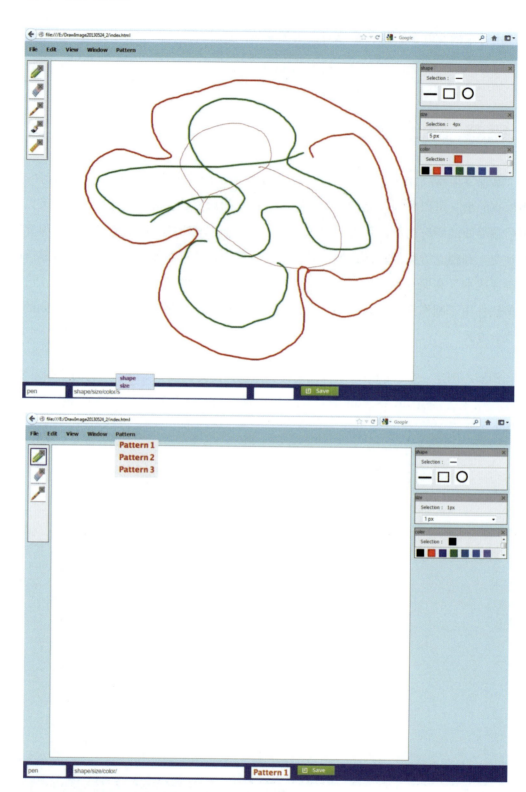

图 5-7　智能绘画系统高保真原型（续）

第 5 章 创意交互设计案例

图 5-7　智能绘画系统高保真原型（续）

5.5　案例一：游戏《孙悟空三打白骨精》

1. 概念设计方案策划（交互语义）

此游戏是由设计师房希之、陈玲、郭箐、陈家如、何琪炘共同设计完成的。游戏的创意是，唐僧师徒四人为取真经，行至白虎岭前。在白虎岭内，住着一个尸魔白骨精。为了吃唐僧肉，白骨精先后两次变幻成不同的人物但是全被孙悟空识破，白骨精害怕，变作一阵风逃走，孙悟空把村姑、妇人的假身统统打死。但唐僧却不辨人妖，反而责怪孙悟空恣意行凶，连伤母女两命，违反戒律。第三次，白骨精变成白发老公公又被孙悟空识破打死。唐僧写下贬书，将孙悟空赶回了花果山，白骨精终于找到机会，把唐僧抓了起来，八戒救不了唐僧便去花果山请孙悟空回来一同去解救唐僧。事后唐僧得知误会了悟空，师徒四人再次上路。下面用 Scratch 简单制作一个《孙悟空三打白骨精》游戏，界面如图 5-8 所示。

2. 素材的收集、选择（交互语汇）

本游戏的素材分为以下几种，如图 5-9 所示。

创意交互设计与开发

图 5-8 《孙悟空三打白骨精》游戏界面

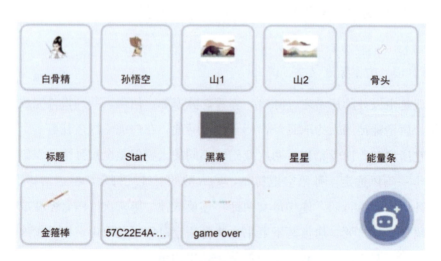

图 5-9 游戏素材

背景：山1、山2（开始的纯色背景文字是需要自己添加的）。

角色：孙悟空、白骨精。

道具：金箍棒、骨头、文字、标题等。

3. 创意交互设计与制作（交互语法－自然语言）

游戏中，每个角色功能不同，要想把这个游戏做好，需把握角色之间的内在联系，游戏思维逻辑分析图如图5-10所示。

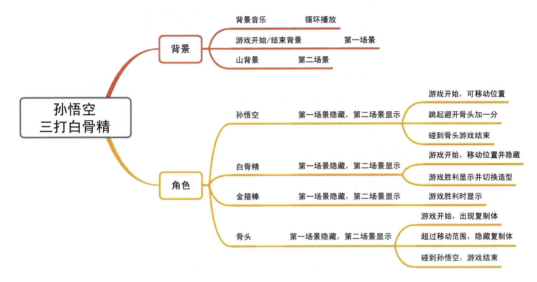

图5-10 游戏思维逻辑分析图

（1）场景切换时的信息传递

角色在第一个场景中是隐藏的，到第二个场景才会显示出来，因此，背景与角色之间信息的传递就需要广播模块。

（2）单击键盘与孙悟空的信息传递

单击键盘空格键，孙悟空跳起，这个动作可以写在一个脚本的模块中，为了在骨头复制的过程中不产生过多模块，需要将它们分开。

（3）成功数量的统计

孙悟空跳起成功躲避骨头后分数会产生变化，因此，每出现一个骨头，每一个角色都要有所感知。

4. 高保真原型制作（交互语法－编程语言）

（1）背景制作

图5-11所示为两个场景切换的脚本，当场景切换时使用广播通知角色。

创意交互设计与开发

背景音乐同样是在背景中添加的,而且循环播放。

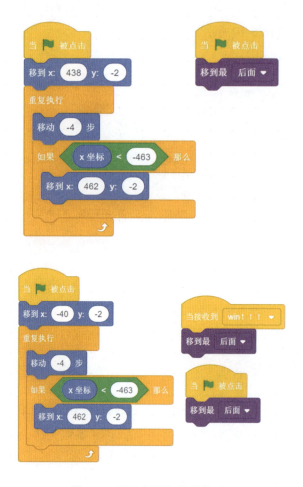

图 5-11　两个场景切换的脚本

（2）孙悟空脚本

图 5-12 所示的孙悟空脚本较复杂。接收到游戏开始的命令时,孙悟空要产生移动,玩家通过控制空格键产生孙悟空挥动金箍棒的动作来躲避白骨精发射的骨头,如果躲避成功,游戏提示"Win!";如果孙悟空碰到骨头,游戏提示结束。

（3）白骨精脚本

图 5-13 所示的白骨精脚本较简单。当接收到游戏开始的命令时,白骨精要切换造型并产生隐藏的动作;如果接收到"Win!"命令,白骨精显示碰到金箍棒被孙悟空打的动作切换造型,然后隐藏。

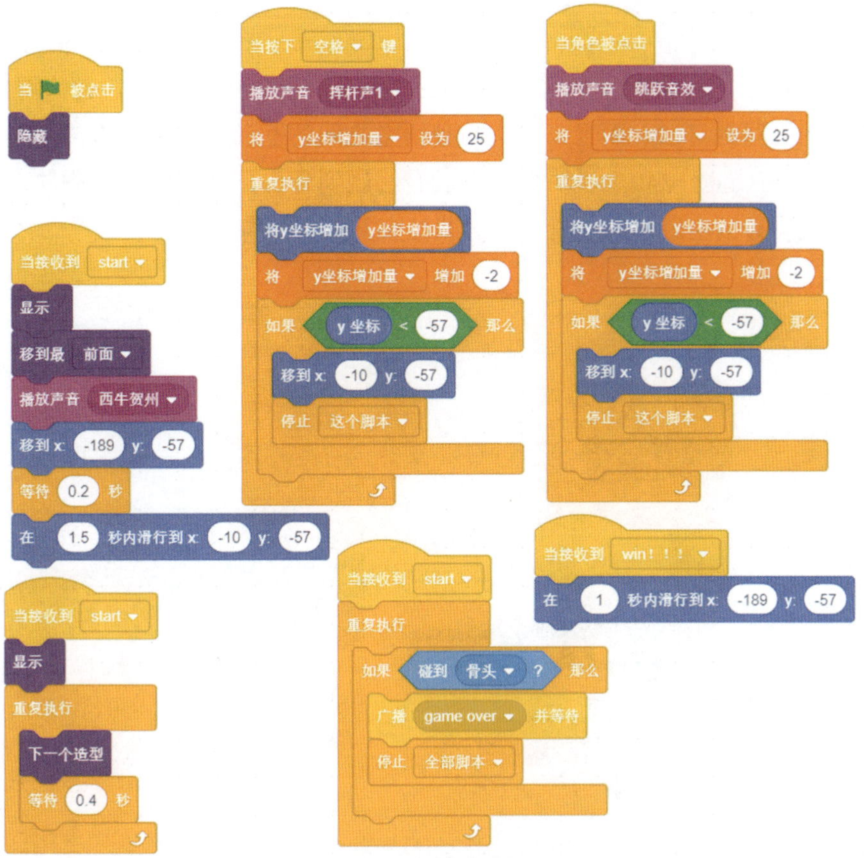

第 5 章 创意交互设计案例

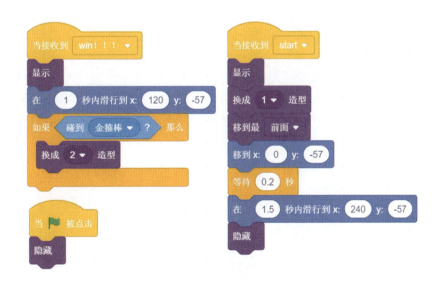

图 5-12 孙悟空脚本

图 5-13 白骨精脚本

创意交互设计与开发

（4）骨头脚本

图5-14所示的骨头脚本较简单。在接收到游戏开始的命令后，骨头要按1~5的数量范围随机复制自己。而且，骨头与孙悟空之间的互动和分数有直接的关系，如果骨头的x坐标不超过-240，说明孙悟空没有触碰到骨头，即删除此复制体；如果超过了-240，说明孙悟空触碰到了骨头，游戏结束并停止该脚本。

图5-14 骨头脚本

（5）山的脚本

图5-15所示为山1与山2脚本，一开始山1与山2的位置是不固定的，画面在设定的x坐标范围内产生移动，山2在接收到"Win!"命令后移动到图层的最后面。

（6）金箍棒脚本

图5-16所示的金箍棒脚本较简单，只在游戏胜利时显示并切换造型，其余时间都设置为隐藏。

交互作品基本都是经过以上流程设计与制作完成的。当一件作品完成后，要展示给大众进行体验，本书的案例可以在配套资源网站下载，供读者体验。

第 5 章　创意交互设计案例

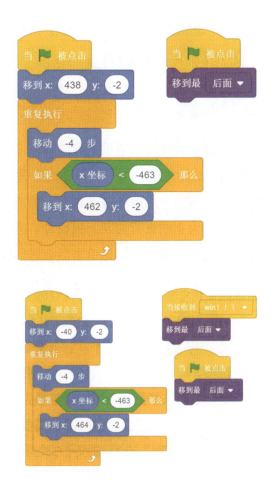

图 5-15　山 1 与山 2 脚本

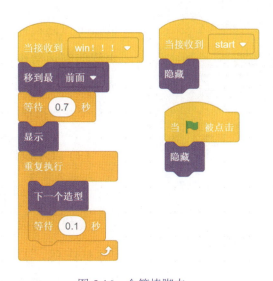

图 5-16　金箍棒脚本

5.6 案例二：交互海报《点线面》

1. 概念设计方案策划（交互语义）

设计是有目的的策划。海报设计是策划可采取的形式之一，在海报设计中设计师需要用文字和图形把信息传达给观众，让人们通过这些视觉元素了解设想和计划。此海报是由设计师梁睿设计完成的，设计灵感来自常见的点线面构成画。根据灵感来源，首先确定以"点线面"为主题进行交互海报设计，海报中每个面的出现是由点构成线，再由线的伸缩运动构成面的，鼠标单击后会进行不同颜色的变换。这个海报想表达的理念是，世界上的所有事物皆由点线面为开始，点线面构成了五彩缤纷的世界。

2. 素材的收集、选择（交互语汇）

（1）图形设计

从"点线面"的主题中获取灵感，并提取信息碎片。首先将点提取出来，将其有序、平均地安放在海报的平面中，看起来整齐划一，近看是很细的点，远看是整个面。然后是线的表达，海报中背景的点可以随机连成线，中间的图案也是由线伸缩运动构成的面的图案。最后的表达是由不同面的变化来展示的。《点线面》交互海报草图设计如图5-17所示。

图5-17 《点线面》交互海报草图设计

（2）文字设计

从"点线面"的主题中获取灵感，主题是点线面构成世间万物，文字"Point line surface""Point, line and surface are born and form a world""Point, line and surface constitute infinity"正好体现出了海报的主题,从而达到了对海报的宣传作用,让海报的主题显得更加突出、醒目。在千变万化的色彩世界中,人们视觉上感受到的色彩非常丰富,按种类色彩分为原色、间色和复色;就色彩的系别而言,色彩分为无彩色系和有彩色系两大类。色彩的三要素(色调、饱和度、明度)是最基本的属性,也是研究色彩的基础。画面的色彩将会深深影响该画面作品给观众的印象。因此,此海报配置了10种不同的色彩构成,与人的交互模式为鼠标交互,人单击鼠标,海报的颜色就会进行变化,以此达到交互效果。

在设计中,基本元素相当于作品的构件,每一个元素都要有传递和加强传递信息的目的。每动用一种元素,都要从整体出发去考虑。在一个版面中,构成元素可以根据类别划分,如可分为标题、内文、背景、色调、主体图形、留白、视觉中心等。色彩是具有感情的,能让人产生联想,能让人感到冷暖、前后、轻重、大小等。在此海报设计中运用了多种形式,重点对字体风格及色彩做了处理,让人第一眼就能明白海报的主题。

(3) 文字素材

- Point line surface
- Point, line and surface are born and form a world
- Point, line and surface constitute infinity

(4) 图像及色彩素材(如图5-18所示)

图 5-18　图像及色彩素材

图 5-18　图像及色彩素材（续）

3. 创意交互设计与制作（交互语法）

此海报通过鼠标交互达到所要的效果。其程序主要由 noise 函数构成，结合运用三角函数公式、坐标转换、两点间距离公式等，最终达到海报效果。

使用 Processing 制作的过程如图 5-19 所示。

```
PFont font;
String myLetter = "KOZORA";
PVector offset1, offset2;
float scale = 0.01;
color c1, c2;
float h=30;
void setup(){
  size(841, 1189);
  fill(0); noStroke();
  rectMode(CENTER);
  frameRate(30);
  noiseDetail(2, 0.9);
  font =createFont("AppleSDGothicNeo-Thin-48",60);
  textAlign(CENTER,CENTER);
  offset1 = new PVector(random(10000), random(10000));
  offset2 = new PVector(random(10000), random(10000));
  mousePressed();
}
void draw(){
  background(255);
  for (int x = 10; x < width; x += 10) {
    for (int y = 10; y < height; y += 10) {
      float n = noise(x * 0.005, y * 0.005, frameCount * 0.05);
      pushMatrix();
      translate(x, y);
      rotate(TWO_PI * n);
      scale(10 * n);
      rect(0, 0, 1, 1);
      popMatrix();
      pushMatrix();

      popMatrix();
    }
  }
  zi();
  translate(width / 2, height / 2-100);
  for(float radious = 250; radious > 0; radious -= 10){
    fill(map(radious, 0, 250, red(c1), red(c2)),
         map(radious, 0, 250, green(c1), green(c2)),
         map(radious, 0, 250, blue(c1), blue(c2)));
```

图 5-19　使用 Processing 制作的过程

第 5 章 创意交互设计案例

4．案例展示（如图5-20所示）

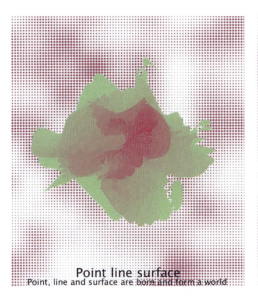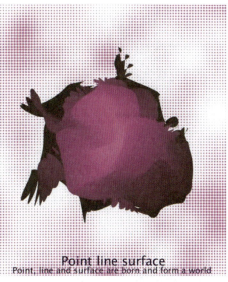
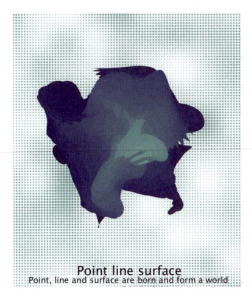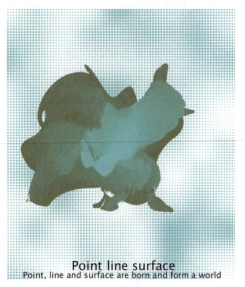

图 5-20　交互海报《点线面》

5.7　案例三：交互海报《抑·愈》

1．概念设计方案策划（交互语义）

此海报是由设计师梁钰婷设计完成的，设计灵感来源于微博上一位正在接受治疗的抑郁症患者发布的消息:"很多人以为抑郁症在接受治疗后的改变是每天都变得很快乐、很兴奋,然而事实上更像是常年积压在自己头顶上的乌云慢慢散开,暖和的阳光从云层的缝隙中慢慢散开洒在自己的身上,是一切都变得暖洋洋的感觉。"这条消息给人们留下的深刻印象至今都难以消去,足以证明这位患者形象的比喻能让世人对抑郁症有着新的观念和了解。

因为现代生活给人带来了更多压力,这些压力就像黑漆漆的乌云一样压在他们的身上从而变成了沉甸甸的负担,抑郁症这种心理疾病就是在这样的情况下悄然出现的。尽管抑郁症的患病概率急剧上升,但是还有很多人拒绝正视或者对抑郁症知之甚少,导致了很多人对抑郁症产生了巨大的偏见,同时也给患者的治疗增加了不少困难。

确定好主题后就可以着手在网络上搜索抑郁症相关的知识,大致了解引发抑郁症的部分原因和其表现的症状,并且构思海报的主要设计风格和交互方式。最终决定海报的风格是有现代感的简约风(考虑到这种病症在现代社会中患病概率越来越高),使用简单的鼠标控制来实现乌云散开、看见晴天的感觉,形成人与海报之间的交互。此海报想传达的信息是,希望通过展示抑郁症患者情绪变化的可视化和互动化,使人们真正了解抑郁症给患者带来的影响;患者不要过分担忧抑郁症给自己带来的影响,及时配合治疗;希望人们正视身边患有抑郁症的朋友或同学,给予他们相应的鼓励和支持,这么才能减少人们对抑郁症的误解,让那些被层层乌云遮挡住的阳光能早日再次洒在他们的身上。

2. 素材的收集、选择(交互语汇)

主题取名为"抑·愈",将"抑郁"和"治愈"拆分再选择重组而来。用"抑"表达这种症,用"愈"表达通过交互露出蓝天时那种被治愈的心情。海报整体采用简约设计,用深灰蓝、灰金和白的冷色调组合营造出一种较为压抑的气氛,用正方形和线条维持画面的平衡感,同时保证没有破坏协调性和影响海报传递的信息。主题"抑·愈"在画面的左上部分清晰可见,能让人在第一时间猜测出大致主题。概念设计静态图如图5-21所示。

第 5 章　创意交互设计案例

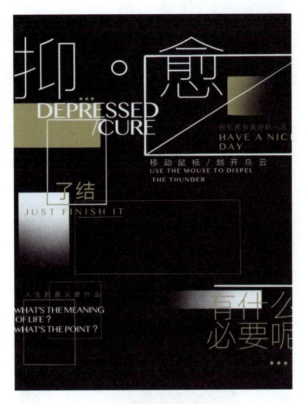

图 5-21　概念设计静态图

（1）文字素材

- 了结
- 人生的意义是什么
- 有什么必要呢

（2）图片及色彩素材（如图 5-22 所示）

图 5-22　图片及色彩素材

创意交互设计与开发

3. 创意交互设计与制作（交互语法）

此海报上有一些负能量的语句，这是在查找资料了解抑郁症及与几位曾经的患者沟通后，收集的患者在罹患抑郁症时经常回想的几句话。海报中间的部分留空，用此表达此时患者的内心早已空掉、什么都不剩的感觉。当鼠标指针滑过海报画面时会出现晴朗的天空（如图5-23所示），但没有在天空上添加语句，表现病情缓和后的一种宁静安逸的感觉——什么都不想，只感受到阳光再次进入自己的内心。

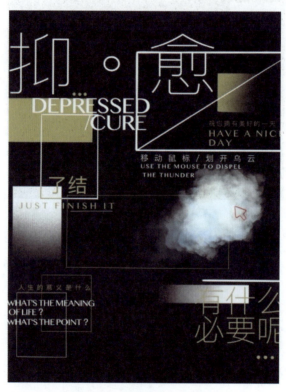

图 5-23　鼠标指针划过效果

使用Processing制作的过程如图5-24所示。

4. 案例展示

滑动鼠标指针，模仿拨开乌云使其散开的动作，将蓝天展示在体验者面前；通过编程实现下雨和移动鼠标指针揭开海报另一面的效果。使用类似圆形的形状拨开乌云能营造一种观看的感觉，集中体验者的注意力。案例展示效果如图5-25所示。

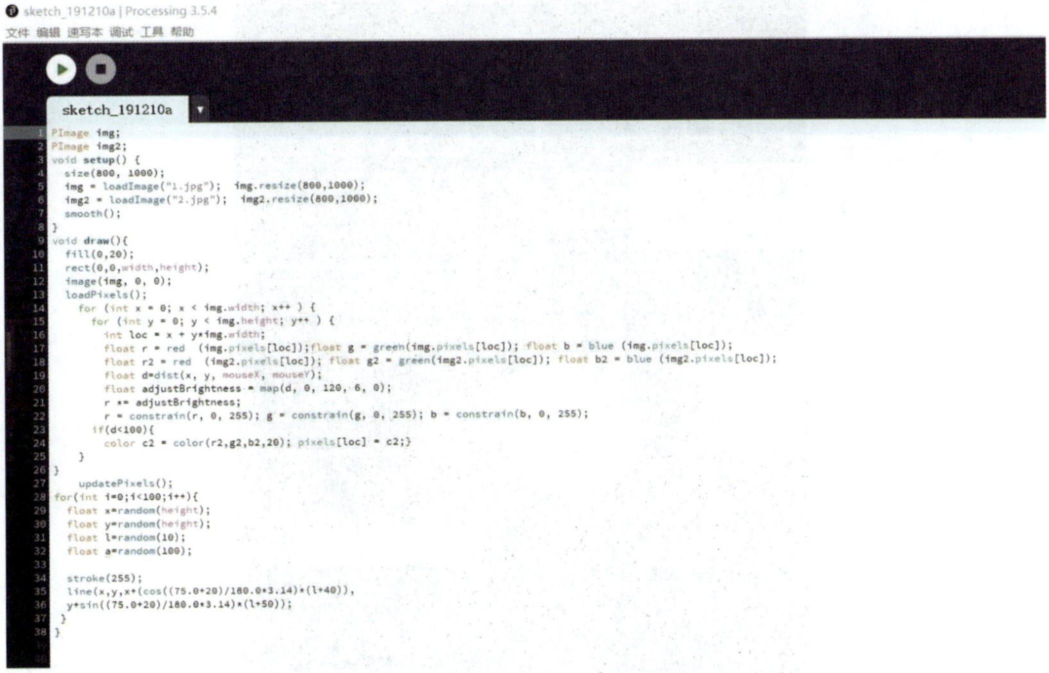

第 5 章　创意交互设计案例

图 5-24　使用 Processing 制作的过程

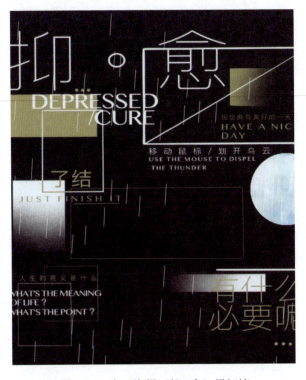

图 5-25　交互海报《抑·愈》梁钰婷

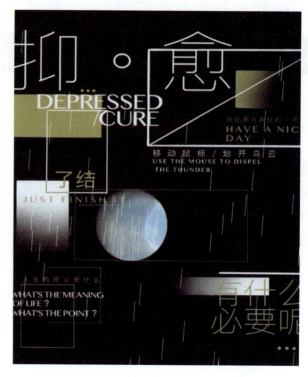

图 5-25　交互海报《抑·愈》梁钰婷（续）

5.8　本章小结

本章从设计方案、概念方案、素材的收集和选择、创意交互设计与制作 4 方面对创意交互作品案例进行分析。同时，详细介绍了创意交互设计的流程，并描述如何使用创意交互设计语言系统来创建一个创意交互作品，并逐步介绍了在交互设计中如何完成用户特定交互语言的低保真原型和高保真原型。在使用创意交互设计语言时，设计师将构建一个特定领域的交互语言体系，这表明运用创意交互设计语言可以帮助设计师在多个层面上建立更加符合用户的交互作品。

第 6 章 作品赏析

艺术家一直是第一批探索新技术潜力的人群之一，许多艺术实验在塑造新技术发展及影响公众看法方面发挥了重要的作用。在尝试理解或创作这样的作品时，注重技术的作用是十分重要的，但也应尝试超越技术本身。潜在的创意是什么？艺术家所处的环境又是什么？对于某些作品，一些人可能会问："艺术家想表达的是什么？"而另一些人则会问："他们想要做什么？"

使用计算机制作艺术作品有多种形式，本章列举的艺术作品可以充分证明这一点。这些作品既有二维图像，也有三维图像；有的是在屏幕上以动画的形式呈现的，有的则在虚拟现实环境中显示，有的安装在特定的物理空间中，以声音、动画和图像为载体表达一个不同于我们周围日常的世界。本章的作品有一个共同点，即它们的创作者正在使用技术呈现和探索一个创造性的想法。他们使用的技术发挥了重要的作用，但创作者的创意理念才是作品要表达内容的核心。创造性地使用数字媒体技术工作是令人兴奋的，它能帮助产生让人深入思考的艺术品。然而，与其他不同类型的艺术家一样，数字艺术家需要熟练地使用他们所选择的材料，发挥其创意思维的能力，通过交互作品使参观者能理解他们个人的创作背景与艺术思想。

本章中的设计师是在国际上享有盛誉的知名艺术家和创新实践者，他们具有跨领域的背景，有的拥有博士学位，有的对交互媒体有着深刻理解和丰富的创作经验，有的是世界上各类数字媒体、新媒体大赛（如Lumen奖、CHI艺术大展、SIGGRAPHASIA艺术展等）艺术奖项的获得者。本章通过对设计师的介绍及对他们作品的深入分析让读者可以充分地了解创意交互作品设计与制作的故事，分享他们的优秀创意，为读者带来启迪的同时介绍当今国际新媒体及交互艺术发展的方向。

6.1 欧内斯特·埃德蒙兹

欧内斯特·埃德蒙兹（Ernest Edmonds）是国际著名的一位先锋数字艺术家、数字媒体教授。作为世界上最早使用计算机进行创作的艺术家之一，从20世纪60年代末开始，就引领了数字艺术领域的发展。2017年，埃德蒙兹教授获得了国际图形图像协会ACM SIGGRAPH杰出艺术家奖，以表彰其在数字艺术领域的终身成就。最近几年他的展览包括在中国北京的微软亚洲研究院和英国莱斯特郡的德蒙福特大学的回顾展。2018年，与4位计算机艺术先锋在威尼斯双年展上展出了作品《算法符号》（*Algorithmic Signs*）。最新著作是与玛格丽特·博登（Margaret Boden）合著的《从手指到数字：人工美学》（2019年）。目前担任英国德蒙福特大学计算艺术教授、国际新媒体艺术理事会主席、Springer Cultural Computing系列丛书主编。最近，他的作品被记录在弗兰西斯卡·弗朗哥（Francesca Franco）的《生成系统艺术：欧内斯特·埃德蒙兹的艺术作品》一书中。

作品赏析：

1. 《塑造空间》（如图6-1所示）

《塑造空间》是由两块透明的有机玻璃片组合成一个交互空间，不断变化的图像通过计算机投射到有机玻璃屏幕上，计算机也会通过网络摄像头接收参与者的数据，并将其艺术化地呈现给观众。

艺术作品《塑造空间》是计算机生活的一个代表，它自身的移动和变化随着参与者的移动而成熟和发展。它是一个抽象的交互式生成式艺术作品，利用一个指向屏幕前空间的摄像头获取数据，并不断计算空间中的活动量。这些数据被用来修改不断在屏幕上更新颜色、图案的一系列规则，从而使作品在展览期间不断变化和发展。屏幕上显示了一个充满活力的颜色矩阵，有时变化非常缓慢，有时则根据参与者在空间中的移动而迸发生机。使用一个小的、随时变化的调色板进行颜色变换，其饱和度与亮度可以发生很大的变化。

像《塑造空间》这样的数字艺术作品是为了与它们所在的环境进行互动，研究视觉元素之间的结构关系决定了图像是如何构建的。这些作品是从外部运动中学习而形成的，如不同的参与者挥动手或走过。它的学习方式和学习内容决定所显示图像中颜色和图案的选择及变化的时间。作品的行为并不总是显而易见的，所以如果参与者不断试图通过挥手或喊叫来强迫对方做出回应，可能会导致作品有一段时间的沉默。计算机程序不断地分析在作品前检测到的动作，这种分析的结果以一种积累经验的方式慢慢地修改着作品在工作生涯中的变化规则。这个艺术作品形态的形成是一个永无止境的计算发展过程。

图 6-1 《塑造空间》（2012）

2. 《塑造形态》（如图6-2所示）

作品《塑造形态》使用了一个方形显示器和指向参与者的网络摄像头，整个作品由计算机中的软件和参与者驱动。

图像是通过一系列交互规则产生的，这些规则决定颜色、图案和持续时间。这种生成式艺术作品会受到周围环境的影响而发生变化。参与者的动作在每幅作品前都会被检测到，并导致生成图像的程序不断变化。人们可以容易地察觉到艺术作品对动作的即时反应，但只有与作品有更久的接触，变化才明显，尽管这种接触不一定是连续的。可能几天，甚至几个月后，参与者才看到颜色和图案的显著变化。《塑造形态》系列作品是作者多年来对交互和时间的关注，以各种抽象生成形式表达出来的最新作品。

图 6-2 《塑造形态》（2013）

欧内斯特·埃德蒙兹致力于探索由计算机生成的艺术系统与人类之间的互动。他也喜欢研究人们对艺术作品的反应，艺术作品的形式和外观会随着时间的推移而变化，这将使人们产生不同的行为。有目的的在我们世界中动态变化的艺术作品，是观察人类经验和艺术形式之间数百年关系的一个新颖维度。欧内斯特·埃德蒙兹自述："当我最初探索观众与艺术品之间的交互时，参与式艺术的手段是有限的，尤其是在当时的计算机技术下;当时我问的问题是这种交互的本质和形式可能是什么;我想知道参与者和这种新型的艺术品之间会存在怎样的关系;现在我可以创作出像传统绘画一样挂在墙上的作品,但最重要的不同是,这些作品被设定为像人一样能够对周围环境中的事件做出反应,并且通过学习发展自己的长期记忆。"

3. 来自《源自悉尼》的版画

如图 6-3 所示,这幅版画是从基于时间流动的生成式作品《源自悉尼》(*From Sydney*)中提取出来的,原本它永不重复地改变着,该图像是从第 10 版中选择的一个静止状态。

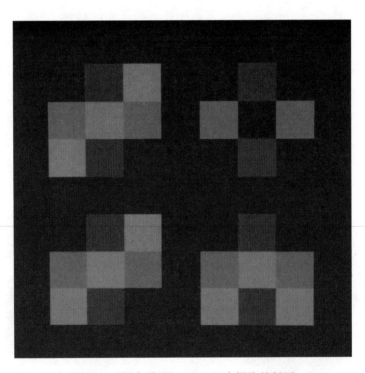

图 6-3 《源自悉尼》(1999)中提取的版画

6.2 肖恩·克拉克

肖恩·克拉克(Sean Clark)是英国莱斯特郡的艺术家、策展人和研究员。他的艺术作品往往以装置和印刷的形式出现,通过构建呈现在屏幕上的视听系统来探索交互性和连接性。他是互动数字艺术的总监,计算机艺术档案馆馆长,网页设计公司墨鱼多媒体(Cuttlefish Multimedia)创始人。他拥有英国德蒙福特大学计算机艺术博士学位(由欧内斯特·埃德蒙兹指导),2016年与埃斯特·罗林森(Esther Rolinson)共同获得英国流明数码艺术奖的3D雕塑奖和人机交互艺术奖。

作品赏析:

1. 《旋转》(Rotate,如图6-4所示)

《旋转》是使用JavaScript编写的一个由成对的旋转连接图案组成的交互艺术作品,可在计算机上运行,并在网页浏览器中显示。当观众从图像的左右两个图案中选择颜色时,颜色就会被交换,图案也会被重新组织并加入新的颜色。《旋转》使用了肖恩·克拉克在早期作品中创造的64对调色板,此作品的创作理念是建立在他博士研究期间开发的连接数字艺术概念之上的。在这个概念中,艺术收藏品可以通过互联网与彼此及它们的观众互动。此作品也可以作为64幅相片的集合来展示,在这种情况下,观众可以激活增强现实功能,然后使用Graff.io Arts AR应用程序或扫描附带的二维码与移动端上的图像进行交互。

图6-4 《旋转》(2000)

当交互作品以"完全连接"模式运行时,观众在与作品交互中选择的颜色会通过互联网发送到该作品当前所有其他观众的网页浏览器中,传入的颜色被用来生成动态的配乐,让观众了解网络上该作品正在发生的事情,如图6-5所示。

图 6-5 《旋转》(2020)

2. 《27》

《27》是对部分与整体的多层次探索，始于一个计算机控制生态作品集（*A Cybernetic Ecology*，2016，如图 6-6 所示）中的转换部分而被创作的新转换，即 *Transformation Variations*（2017）。*Transformation Variations* 将旋转和减法引入彩色方块中，这些彩色方块构成了系统的部分，用于生产转换艺术品，如 *system One*（2014，如图 6-7 所示）。

图 6-6 *A Cybernetic Ecology*（2016）

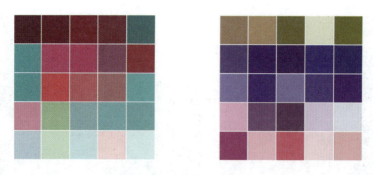

图 6-7　*system One*（2014）

肖恩·克拉克使用根据色相而旋转的方块制作了27个5×5的彩色网格（如图6-7所示）。然后，给一些方块赋予减法运算，即从它们重叠的旋转方块中移除某个颜色区域，再将这些部件组合成九行三格的网格。最后，使用排列规则将这些行组合成三组，生成由9个独特网格组成的9张最终图像。产生的图像被印在黑色、白色和灰色背景中，一共有27个印刷作品展出在英国莱斯特的三个不同地点的无墙画廊项目里。它与三组展出的LCB得宝莱斯特形成一个大3×3网格，如图6-8所示。

图 6-8　《27》（2018）

此作品中有许多不同的部分和整体,从一个角度来看,可能被认为是"部分";从另一个角度来看,可能被认为是"整体"。

6.3 安德鲁·约翰斯顿

安德鲁·约翰斯顿(Andrew Johnston)是居住在悉尼的表演者、数字艺术家和学者。他具有音乐背景,曾与澳大利亚几支交响乐团、音乐剧团和合奏团等合作演出。他的创作实践专注于为表现和公众参与创建交互式环境,这些环境以身体经验为基础,同时强调细微差别和复杂性。他的研究重点是支持用于现场表演的实验性、探索性方法的系统设计,以及使用过它们的艺术家的经验和创作实践。

目前,安德鲁·约翰斯顿是悉尼科技大学动画逻辑学院研究和课程主任,这个学院也是一家独特的、设备齐全的工作室,致力于数字技术的创造性应用和设计。他还共同领导了创意与认知工作室,这是一个跨学科的研究小组,致力于表演、艺术和技术的交汇。安德鲁·约翰斯顿还是悉尼科技大学软件学院工程与信息技术学院副教授。

作品赏析:

如图6-9所示,《生物:装置》(Creature:Installation)是由安德鲁·布拉夫(Andrew Bluff)、鲍里斯·巴加廷尼(Boris Bagatinni)和安德鲁·约翰斯顿共同创作的360°沉浸式互动视觉作品,是专为儿童打造的数字游戏空间,重现了澳大利亚丛林的体验。如图6-10所示,作品使用物理模拟促进儿童在探索以生态为重点的儿童小说《点与袋鼠》中的风景和生物时富有表现力的全身互动。沉浸式视觉效果可为多达90人提供一个社交游戏空间,并在某些参与者中产生了温度和触摸的幻觉,如图6-11所示。

安德鲁·约翰斯顿的研究方法很大程度上是基于"实践"的,他与其他艺术家合作来创作表演作品,而不是孤立地开发技术或"乐器"。这些作品的创作过程使艺术家们能够探索现场表演者与计算机之间互动的可能性。他认为:创意作品是更广泛地探索创意互动的一种方式,包括表演者的创意实践。换句话说,尽管技术和设计是研究的重要组成部分,但人类的创造性实践也同样重要。

创意交互设计与开发

图 6-9 《生物：装置》(2016)(1)

图 6-10 《生物：装置》(2016)(2)

图 6-11 《生物：装置》(2016)(3)

6.4 安迪·洛玛斯

安迪·洛马斯（Andy Lomas）是一位数字艺术家、数学家，也是获得了艾美奖的计算机生成特效的监制。他的作品探索了如何通过模拟生长过程来新生复杂的雕塑形式。受艾伦·图灵（Alan Turing），达西·汤普森（D'Arcy Thompson）和恩斯特·海克尔（Ernst Haeckel）的启发，他探索了艺术与科学之间的界限。他参加过许多国际展览，包括蓬皮杜艺术中心（Pompidou Centre）、维多利亚与艾伯特博物馆（V＆A）、皇家学会（Royal Society）、国际图形学年会SIGGRAPH、奥地利电子艺术节（Ars Electronica Festival）、科学博物馆（Science Museum）及艺术和媒体技术中心（ZKM）。他的作品被V&A、计算机艺术协会（Computer Arts Society）和达西·汤普森艺术基金会收藏。2014年，他的作品《细胞形态》（*Cellular Forms*）获得了英国流明数码艺术大奖金奖。他目前在伦敦进行艺术创作，在金斯密斯学院担任创意计算讲师。

作品赏析：

如图 6-12 所示，《花瓶形态》（*Vase Forms*）是通过模拟细胞生长过程而构建的复

创意交互设计与开发

杂、有机、完全由3D打印的自然雕塑,是以聚乳酸和聚酰胺为材料、使用3D打印技术而成的,采用了高精度的动画数据源文件。如图6-13所示,此作品的形成涉及多种技术和编程语言,如C++、CUDA、Python。此作品采用Ultimaker 2+和Materialise进行3D打印,如图6-14所示。

图6-12 《花瓶形态》(2017)(1)

图6-13 《花瓶形态》(2017)(2)

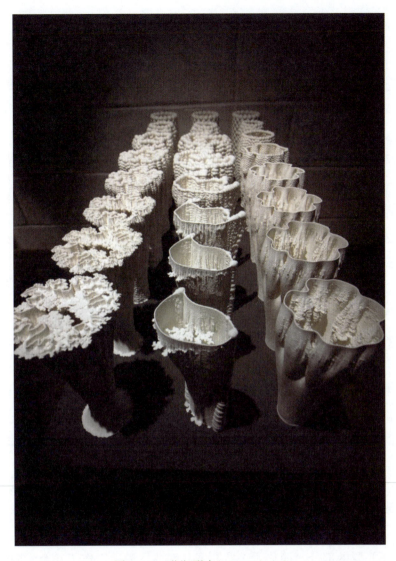

图 6-14 《花瓶形态》(2017)(3)

《花瓶形态》是一系列正在生成的艺术作品的一部分,这些艺术作品探索了如何使用计算机形态生成模式新生出错综复杂的结构和形态运动。其目的是深度生长,在单元格之间的相互作用层次指定生长规则。数字仿真技术用于对规则进行算法编程,并且其编程的过程要运行数千个步骤。最终形态将由多达一亿个独立的单元格组成,所产生的细节水平是采用传统的生长技术很难甚至不可能达到的。

可以说这个结果既陌生又熟悉,它结合了进化方法和机器学习,探索了未知的可能性空间,以发现丰富的新兴行为领域;使用非自然选择方式来创造形式:耐人寻味而非适者生存。

6.5 达米安·布罗维克

达米安·布罗维克（Damien Borowik）是一位法国艺术家，现居英国伦敦。主要关注后数字艺术，研究制作过程及工具和媒体之间的关系，强调偶然性和新的美学。利用机械元件、电子技术和编程开发了自己的数字化的和物理的创造性工具。他的工作横跨多个学科，包括绘画、版画和传统绘画，以及电子、编程、视频、光学、虚拟现实和音频。达米安·布罗维克在英国中央圣马丁学院工作了20多年，毕业于中央圣马丁学院（平面设计学士）和金斯密斯学院（计算机艺术硕士）。他在世界各地展出作品，与泰特现代美术馆、克里斯汀迪奥时装、三星电子、英国广播公司和特伦斯·康伦（Terence Conran）爵士等合作。最近，他的艺术品被英国伦敦维多利亚和阿尔伯特博物馆列入并永久收藏。

作品赏析：

如图6-15所示，《唐人街门》是用蚀刻纸上的丙烯酸油墨材料做成的。作品使用到了手工绘图机，它是一个可以在纸上移动的打标机，通过自动化的方式在纸上绘图。该机器使用Arduino、伺服电机和步进电机建造而成，由计算机通过Processing驱动和控制。

这幅作品的灵感来自达米安·布罗维克受邀参加的位于伦敦唐人街中心的China Exchange展览。为了这次展览，这位艺术家考察了这个地区，并拍了几张照片来描绘周围的环境。经过严格的筛选，达米安使用唐人街上门和灯的照片进行作品制作，并过滤了一些不必要的部分，简化了一些图案和颜色；最后制作了几个不同的层，这些层由艺术家的定制机器以线描的方式单独绘制。

达米安使用Processing编写了一个程序，允许以特定角度和厚度创建线条结构，以可视化每层的描绘，并为创建的每条线记录一组坐标。他编写的另一个Processing程序是为机器服务的，用于读取坐标数据集，并驱动标记移动到纸上作画或不作画。在制作《唐人街门》的过程中，机器一行一行地画出了6层，绘制的时长超过了24小时。讽刺的是，艺术家仿佛成了机器的"奴隶"，需要时不时地把墨水注入马克笔。达米安开发的手工绘图机（如图6-16所示）只不过是一台美化了的绘图仪。它不像人造绘图仪那样具有准确性，但允许艺术家继续研究定制工具所提供的功能支持，这些工具与创造过程中使用的媒体有关。

第 6 章 作品赏析

图 6-15 《唐人街门》(2018)

图 6-16 绘制《唐人街门》的手工绘图机

创意交互设计与开发

达米安能够通过制造自己的机器开发特定的自动化和程序，能够制作自己的颜色，以及使用各种可以做标记的工具，从简单的颜料钢笔到马克笔，甚至笔刷。他还创作了特定地点的装置作品，如基座上的小绘图机、画架上的大绘图机，这些作品可能占据几米宽的整面墙空间。

6.6 埃斯特·罗林森

埃斯特·罗林森（Esther Rolinson）是一位英国视觉艺术家，她探索新媒体技术的使用及绘画和雕塑等历史悠久的艺术形式。她的多媒体艺术作品专注于通过对身体感觉的观察带来的一种意识。她的每件作品都以手工绘画为起点。她结合复杂的姿势构建复杂的系统和形式，随后将她的装置作品扩展到三维空间甚至扩展为光的运动。当她把简单的手工处理和先进的数字解决方案放在一起时，她的绘画语言从人类的感官被翻译到计算机软件中。埃斯特·罗林森在国际上从事沉浸式环境、公共艺术、雕塑、荧幕作品和绘画创作工作。她曾多次在英国举办展览，并拥有大型永久作品。她的作品被著名的博物馆收藏，包括伦敦的维多利亚和阿尔伯特博物馆。2016年，她与Sean Clark一起获得英国流明数码艺术奖的3D雕塑奖和人机交互艺术奖。

作品赏析：

1. 《飞跃》

如图6-17所示，《飞跃》（*Flown*）是埃斯特·罗林森于2015年受邀为纽约照明节创作的交互艺术作品。她与肖恩·克拉克合作开发交互装置，并相继在多个国际展览如Lumen Awards艺术展上展出并获奖。该装置的特色在于数百张悬挂的手工切割的折叠着的聚丙烯板，以及使用定制的照明设备进行照明。作品的每一块都是独一无二的。它目前包括800多个独立部件，可以重新配置，以适应不同的空间。它已经在画廊和公共场所以各种规模展示。交互在该项目中的作用是设计一种控制机制，该机制允许在不需要专用台式机的情况下，通过照明设备存储和播放长灯光序列。控制器由Arduino Uno、DMX照明控制和SD卡、定制软件和额外的电子设备组成。它可以连接到互联网上，形成类似艺术品动态网络的一部分。

第 6 章 作品赏析

图 6-17 《飞跃》（2016）（1）

如图 6-18 和图 6-19 所示，《飞跃》与环境紧密耦合，并对各种传感器做出反应，包括湿度、光线和温度的变化。受控的照明系统为结构体赋予生机，以光波照亮这堆几何体云雾，为之笼罩上细微的色调。参与这个项目的人还有格雷姆·斯图尔特（Graeme Stuart）和卢克·伍德伯里（Luke Woodbury）。

2. 《一万种幻想》

如图 6-20 所示，《一万种幻想》是一个可以在内部或外部空间中将其中的元素以多种方式组合的装置。它由大量的埃斯特·罗林森手工制作的精细铝片构成，这些铝片悬挂在电缆网格上，由程序驱动的摇头灯来照明。图 6-21 所示作品的铝片数量规模从 1000 到 8000 不等，并且铝片可采用不同的密度悬挂。

图 6-18 《飞跃》(2016)(2)

图 6-19 《飞跃》(2016)(3)

第 6 章 作品赏析

图 6-20 《一万种幻想》(2019)(1)

《一万种幻想》也是一个可扩展的沉浸式灯光装置。其中的每个铝片都代表一个想法的释放。例如，当我们仰望冒烟的半透明建筑时，雕塑形式的金属雾向我们倾泻、飘浮和爆裂。移动的灯光使雕塑状的形体有了生气。它似乎在自我缠绕，仿佛试图逃离这个空间，让人们可能会将它狭想成一个有意识的实体。

埃斯特·罗林森（Esther Rolinson）在冥想练习中小心地折叠铝片。整个结构在制作过程中变成了她意识的踪迹。在一致的情况下，这些铝片创造了一个不断增长的、自由流动的、形状的海洋，它们组合在一起产生一个视觉静态。就像在烟雾中燃烧的思想之火，它展示了无数关于我们解散到虚无的解释。《一万种幻想》还配置了一个定制照明系统。照明系统基于艺术家运动的姿势而投射出灯光，从而创造出各种各样的动态图案。例如，在某些时刻，这些形式看起来就像一个星光闪烁的天篷，渐渐地，一团阴影从结构中投射出来，将观众淹没在纷乱的形式中。《一万种幻想》有自己强烈的个性或性质。该艺术品的行为源自其物理形状，并可能受到环境的影响，如亮度、湿度和温度。它还可以通过激光距离传感器和红外摄像机探测观众的存在和活动，能够同时对一个或多个人做出反应。这个艺术作品的编程和交互是埃斯特·罗林森与肖恩·克拉克合作开发的。肖恩·克拉克利用他们正在进行的艺术研究开发光运动算法，使用人工智能软件检测绘画过程中的突变模式。

图 6-21 《一万种幻想》(2019)(2)

《一万种幻想》是通过绘图过程发展起来的。埃斯特·罗林森通过打磨行动或行为，在绘画、三维形式、有节奏的光运动和潜在的生成工作中保持相同的绘画质量。在此过程中制作的图本身就是艺术品，可以与装置一起展出，也可以与装置分开展出。

6.7 吉乃狄克·莫

吉乃狄克·莫（Genetic Moo）代表着艺术家尼古拉·舒尔曼（Nicola Schauerman）和蒂姆·皮卡（Tim Pickup）。自2008年的一个数字海星作品，他们就开始制作互动艺术作品。他们接受过电影、动画、计算机编程和游戏设计等多领域的培训，都拥有数字艺术硕士学位。他们受到了科普的启发，特别是在生态学、共生、形态、突变和生活领域。他们居住在英国马盖特（Margate），在那里他们创作了作品《微观世界》（*Microworld*），并教授创意编程。他们的作品曾在欧洲、亚洲和北美洲展出。

作品赏析：

如图6-22所示，《微观世界》是一个互动展览，至少包含5种他们的数字作品，这些作品之间可以彼此互动，也可以与观众互动。《微型世界》中的每个作品至少需要使用一台计算机、一台投影仪和一个或两个传感器。《微观世界》中的程序是使用开源编程语言（尤其是Processing和P5JS）编写的，并可在所有现代计算机上运行。《微观世界》专为参观人数众多的室内场所而设计，如画廊和购物中心，因为它至少需要50平方米的面积（迄今为止，最大的《微观世界》占地面积为300平方米）。而且，作品要求展览空间必须是黑暗的，最好有无窗的空白墙可供投影图像显示。投影机可以安装在墙壁、机架或天花板上。

《微观世界》提供了一个沉浸式的艺术空间，其中充满了具有生命周期和生存技术的数字生物，如图6-23所示。他们使用检测颜色、运动和声音变化的传感器对游客做出反应。《微观世界》的设计旨在让游客可以极大程度上改变空间，鼓励游客进行创意游戏和实验。

创意交互设计与开发

图 6-22 《微观世界》(2018)

图 6-23 《微观世界》(2015)

从简单的微生物到更复杂的形式,《微观世界》蓬勃发展的人工生命受到自然界非凡的身体形态和行为的启发。通过与生物互动,游客可以产生奇怪的动作和反应,引发进化甚至突变。游客还可以设计自己的生物,并将其释放到微型世界中。这种方式使游客有思想地参与其中,并且关注到这些艺术品。这一切都是相互联系的。《微观世界》中的每个作品都是一个数字生态系统,游客每次参与都会对它产生影响。《微观世界》令人兴奋和放松，会激发人们连锁思考。《微观世界》所呈现的主题如下。

人工生命：与人工智能相关的计算机科学分支，使用软件模拟和理解生物系统；不是模拟生活，而是模拟"生活可能"。

生态系统：每个生物都可以感知并改变其环境。艺术品、设备、空间和参观者是这个生态系统的一部分，其中的一切都是相互联系的。

创造力：鼓励直观的互动，使游客可以重构整个展览。

下面简要介绍《微观世界》中的生物创造。

Squidlets（见图6-24左上）使用两台计算机和两个网络摄像头，参与者可以将自己脸的图像添加到寻找红色、绿色或蓝色食物的浮动的生物上。通过在空间中照亮彩色火炬，参与者可以帮助自己的鱿鱼寻找食物并变得更大，饥饿的乌贼会收缩并沉入海面。

图 6-24 《微观世界》（2018—2020）

创意交互设计与开发

Maggots（见图6-24右上）展示了两种寄生虫。寄生虫慢慢地侵蚀屏幕，破坏屏幕中画面的形象，而蜘蛛则不断地用细线修复它。

Seed（见图6-24左下）包括一个称为细胞自动机的计算机程序。它使用触摸屏和简单的规则在屏幕上扩展图案，可以创建巨大的像素动画。

Animats（见图6-24右下）包括一个生物构建软件程序。参与者可以从动物、植物和矿物质组成的库中选择并创建生物，然后将其发送到《微观世界》中。*Animats*使用一系列传感器和"肌肉"系统来响应颜色、运动和声音的变化。

6.8　史蒂芬·贝尔

史蒂芬·贝尔（Stephen Bell）于1974-1977年在布里斯托理工学院学习艺术，获得美术学荣誉学士学位，并于1977-1979年在斯莱德美术学校学习并获得美术高级文凭。在此期间，他将计算机编程应用到艺术作品中。1984-1985年，他成为坎特伯雷市肯特大学计算机实验室的驻地艺术家。1991年，他在拉夫堡理工大学获得计算机科学博士学位，由苏珊·特比（Susan Tebby）和欧内斯特·埃德蒙兹指导。1989-2017年，他任伯恩茅斯大学国家计算机动画中心（NCCA）高级讲师。他的视觉美学不仅受到众多艺术家的影响，还受到日出和日落颜色、落叶图案、星空、鸟和昆虫飞行图案、仪式、舞蹈、漫画、飞机蒸汽尾迹和粒子物理学等的启发。

作品赏析：

如图6-25所示，《寻找更深层次的意义》是由一系列PNG格式图像组成的，是使用Bees world程序时截取屏幕生成的。Bees world程序使用Xcode、C++和OpenGL编写，可以在MacBook或iMac上运行，使用鼠标和键盘控制。

图6-26所示为《寻找更深层次的意义》中的一幅图像。该项目是斯蒂芬·贝尔为探索行为美学，特别是通过生成他所称的行为形式的可视化来探索动物（包括人类、

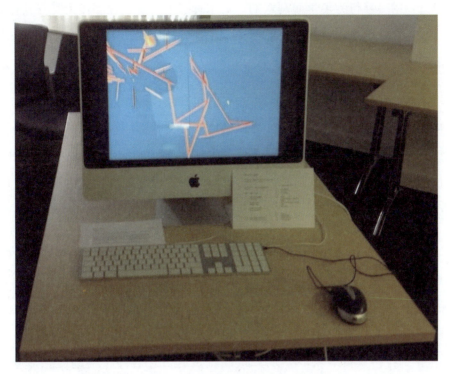

图 6-25 《寻找更深层次的意义》(2013)

图 6-26 《寻找更深层次的意义》(2013)中的一幅图像

昆虫）和植物的交互行为美学而制定的。贝尔理想地将这些程序作为交互式作品进行展示，以便人们可以探索它们，他还展示了正在使用的程序录像或在重要时刻拍摄的屏幕上的图像。

这些程序计算并模拟（技术上是使用计算机自动生成）动物或植物彼此交互的方式。这些动物和植物用描述物种、速度、健康状况等特征的代码表示。用户与该程序进行交互，程序确定将执行的操作并在屏幕上可视地显示交互过程，记录结果，同时数据的变动被映射、可视化地以形状的方式展示在屏幕上。该记录可以重复观看，因此可以从不同角度探索数据的可视化结果，以识别感兴趣的事件并找到美学上令人满意的作品。

史蒂芬·贝尔探寻自然景观并进行拍摄，以相似的方式进行研究。在《寻找更深层次的意义》中，将编程的自动生成模式放置在三维空间中，同时添加表示花朵位置的数据。算法尝试让每只蜜蜂都找到花朵，在避开其他蜜蜂的同时移到花朵上获取花蜜。当一只蜜蜂获取一定数量的花蜜后，它会停止活动，除非受到其他蜜蜂的干扰。

如图6-27所示，"Bees world"是在史蒂芬·贝尔为创建这类艺术作品而编写的第一个程序上建立起来的，也称为"Small world"，于1984-1985年开发。在贝尔的1991年博士学位论文《参与式艺术与计算机》中，将"Small world"变成了互动作品。1989年，他在拉夫堡大学的皮尔金顿图书馆举办了一次Small world Vistas展览。

作品的标题"寻找更深层次的意义"反映了史蒂芬·贝尔的担忧，即人类在因争夺资源而产生的形状和图案中找到审美上的满足。例如，因争夺阳光而引起植物形态改变，因狩猎或争夺领土而导致动物运动。他的艺术扎根于抽象表现主义、建构主义、极简主义和系统艺术，但他将动物的社会行为作为其创作的具有代表性的手段，而不是理性的数学关系。他认为，感知工作中的社会行为模式比简单或复杂的抽象数学关系更具普遍意义，且可能引起情感共鸣并辅助洞察我们为何以自己的方式行事。

图 6-27 "Small world" 程序（1984-1985）

6.9 无聊研究 Boredom Research

　　Boredom Research 是一个英国知名艺术家的组合，由维姬·艾斯利（Vicky Isley）和保罗·史密斯（Paul Smith）两人合作成立，以探索通过计算技术理解自然世界而闻名。他们密切意识到复杂系统的脆弱性，包括那些支持地球上人类生活的系统，并提出了一个大胆的技术创新的新愿景，其核心是重新整合目前分裂的艺术、科学和社会领域。同时，他们与世界领先的科学家合作，挑战了一个更为广泛关注的趋势，即用越来越复杂的解决方案回答环境危机的困境，探索的主题包括神经活动的生物特征、疾病建模的前沿和我们对速度的文化痴迷。Boredom Research 的作品在全球范围内都被收藏，包括英国文化协会（British Council）和伊斯坦布尔的博鲁山当代艺术收藏（Borusan Contemporary Art Collection）。他们的作品曾在深圳新媒体艺术节（2019年）、上海静安雕塑公园艺术中心（2018年）和新加坡艺术博物馆（2018年）等展览上展出。

作品赏析：

如图6-28所示，《白色车织机》（*White Car Loom*）是一个交互生成式艺术品，其中包括定制开发的软件、内置在木制织机结构中的高清显示屏、游戏机和条形音箱。图6-29和图6-30所示的是使用实时三维软件构建的数字作品，可生成独特的带有佩斯利旋涡图案的珍珠。在开源Blender软件中创建三维表单库，然后将其重组在Boredom Research的用Blender游戏引擎开发的定制软件中。

图6-28 《白色车织机》（2016）（1）

《白色车织机》其实可以看成一种全新改造的"提花机"，提花机（读取打孔卡以控制线的上升和下降的机构）已被现代计算机取代。该数字艺术作品能够创建74亿种独特的三维佩斯利旋涡图案。其首次发行的图案是为地球上每个活着的人设计的。该作品也是为响应科学研究而创造的，旨在解释和了解如今濒临灭绝的淡水珍珠贻贝壳形成生物过程中编码的数据。Boredom Research将生物学和计算技术相结合，创造出独特的珠光佩斯利形式，重新构建了这种图案，仿佛它是在淡水珍珠贻贝壳中生长的一样，从而将设计与生物灵感的起源重新联系起来。

《白色车织机》是由苏格兰西部大学（University of the West of Scotland）委托和资助的，并得到苏格兰新媒体公司（New Media Scotland）、伦弗鲁郡议会（Renfrewshire Council）、佩斯利2021（Paisley 2021）和英国伯恩茅斯大学（Bournemouth University UK）的支持。该作品已在多个国际艺术节上展出，如国际电子艺术研讨会（International Symposium of Electronic Art，ISEA）、哥伦比亚马尼萨莱斯2017（Manizales Colombia 2017）、环境行动会议（Environmental Action Conference）、英国普利茅斯的均衡失衡2017（Balance Unbalance 2017）。

图 6-29 《白色车织机》（2016）的数字作品（2）

图 6-30 《白色车织机》(2016) 的数字作品 (3)

6.10 威廉·莱瑟姆

威廉·莱瑟姆（William Latham）因其于20世纪80年代末和90年代初以创作有机计算机艺术而闻名，当时他还是温彻斯特IBM的一名研究员。1993年，他引入锐舞音乐，为乐队创作专辑封面和录像带。随后，他进入计算机游戏开发领域，担任创意总监达十年之久，创作由环球影城、微软和华纳兄弟出版的游戏。2007年，他成为伦敦金斯密斯学院的计算机教授。他与长期合作者史蒂芬·托德（Stephen Todd）、兰斯·普特南（Lance Putnam）、皮特·托德（Peter Todd）合作开发的关于HTC Vive的Mutator VR艺术体验系统已在蓬皮杜艺术中心、奥地利电子艺术节、威尼斯和圣彼得堡的东宫进行展出并广受好评。威廉·莱瑟姆还获得了牛津大学学士学位及英国皇家艺术学院硕士学位。

第 6 章　作品赏析

作品赏析：

如图6-31所示，*Zapxcov 1*是威廉·拉瑟姆和史蒂芬·托德使用Custom Mutator软件创作的作品，在国际展览上多次展出。该软件于1987—1993年由温彻斯特的IBM英国科学中心开发。此作品是在IBM大型机上使用由Peter Quarendon在IBMUKSC开发的WINSOM CSG渲染器以每帧持续1小时30分钟渲染而成的。

图 6-31　*Zapxcov 1*（1992）

图6-32所示的作品是使用Mutator VR软件创建的变异空间,是在不断发展的交互式虚拟现实实验中以高分辨率渲染的静态图像。该作品首次在布里斯托阿尔诺菲尼画廊策划的《形式的征服》(威廉·拉瑟姆个人展)中展出,后2年在英国和德国巡回展出。

图6-32　*Mutator VR:Mutation Space VR*(2018)

作品 *Mutation Space VR 1 novrlights*、*Newsc 66*、*Inner Flower Mutation B*(如图6-33所示)都使用Mutator VR软件制作,来自不断发展的交互式虚拟现实体验的静态图像以高分辨率呈现在屏幕上。作品使用了一系列计算机技术,包括遗传算法和艺术家驱动选择标准的成本函数。

《Mutator VR:突变空间体验和图像》在巴黎蓬皮杜中心、上海交通大学主办的Cross Over展览、锡兰圣彼得堡上海中心(与冬宫博物馆合作)、日本京都Kinninji寺庙和林茨Ars Electronica展览中成功展出。

图 6-33 *Inner Flower Mutation B*（2014）

6.11 珍·西温克

珍·西温克（Jen Seevinck）是澳大利亚昆士兰科技大学（Queensland University of Technology）的新媒体艺术家、研究员和交互设计高级讲师。她创作以计算机为基础的互动艺术作品和设计，利用科学和诗意的世界诠释并研究观众的体验，目的是增强学习者对新媒体艺术、美学、健康和环境的体验设计知识。

最近几年，珍·西温克获得了澳大利亚研究委员会的项目（ARC Discovery 2020-2023），该项目旨在创造互动艺术，描绘澳大利亚老年人的声音和故事。该项目建立在她之前使用参与式方法和互动艺术为成人和儿童通过数字交互增强创造力，提高他们自我意识和环境关系的作品基础上，作品包括《迭代的十字路口》、《我与我》（2012-2015）、《森林反射》（2012）、MozzieAR工具包和应用（2018-2020）等。她的艺术作品曾多次获得国际奖项，并在中国、日本、澳大利亚和美国的会议上或当代艺术画廊中展出。她还著有多本研究出版物和一部关于互动艺术中涌现的研究专著。

作品赏析：

如图 6-34 所示，*Ruby Corrents 2.0* 是一个有形的、使用增强现实技术制作的互动

创意交互设计与开发

艺术作品。它将由程序生成的计算机视频图像投射到白色沙滩上。图像投影会随着观众在沙滩上的手势变化而变化，这一变化是通过位于作品内部的视频传感器检测到的；同时，图像投影也会随着布里斯班海岸浮标附近海浪状况的数据而变化。具体来说，如图6-35所示，根据这个传入波纹的数据流更新了一个3D仿真模型，该模型驱动投影图形，观众可以与之互动。这种艺术可视化唤起了它的水和波浪，以及实际的波浪数据，包括有效的波浪高度、波浪峰值周期和方向。

图 6-34　*Ruby Corrents 2.0*（2018）（1）

使用增强现实技术让观众与沙子互动的空间"漂浮"在一个木质地板雕塑上，这是一种能探索有形的或具身的数据体验，也是对1992-2018年历史波浪数据的可视化。雕塑周围的曲线是对布里斯班历史上其他年份的波浪数据的可视化，图6-36中大曲线显示的是2006年3月的最大波浪。硬件感应电子设备被安置在雕塑内部，包括：一台计算机，用于处理来自沿海浮标的数据流，以更新、计算模拟和渲染图形；一台投影机，用于将影像投射回木材雕塑基座和沙地表面。

第 6 章 作品赏析

图 6-35　*Ruby Corrents 2.0*（2018）中的 3D 仿真模型

图 6-36　*Ruby Corrents 2.0*（2018）中的曲线

目前，国际上对无处不在的数据网络如何改变地点艺术数据的可视化发展是有限的。与此同时，可视化实践被限制在发现数据中的新见解或与他人交流这些见解的议程上。珍·西温克的互动艺术作品 *Ruby Corrents 2.0* 使用了互动艺术，并将模拟技术和数据可视化技术当成一种方式，使遍布空间的数据网络更加明确。探索这些有意义的影响，要重新考虑可视化是如何作为一种手段使这个领域的设计超越交流和发现，并走向创造的。艺术家提供了一种新的调查方法，即通过研究混合数据——真实空间和参与者潜在数据进行可视化的创建。这种方法拓展了交互设计领域的范围和适用性，影响了新媒体艺术家、设计师和数据可视化研究人员。

Ruby Corrents 2.0 中，增强现实图像是由波纹模拟动态创建的，并根据传入的实时海岸天气数据进行更新。参与者的互动手势揭示了当时发生在布里斯班海岸外的海水的行为。海水与同样来自该地点的白色沙滩交互，该作品利用对地点的模仿，提供一个有形用户界面（TUI）。互动空间漂浮在木质地板雕塑上，这个木质地板雕塑的基础是对历史数据进行可视化而来的。将一个特别大的波浪与历史时间点上的数据进行对比，展示了自然和真实的丰富的可变性、不可预测性。此作品于2018年在新南威尔士大学的可视化事务会议上展示，并于2019年在昆士兰科技大学设计学院安装展示。

6.12 露丝·吉布森和布鲁诺·马特利

欧洲艺术家组合露丝·吉布森（Ruth Gibson）和布鲁诺·马特利（Bruno Martelli）研究了玩家、表演者和参与者的想法，以戏谑的方式定义了电子游戏自我交织的比喻及传统的图形和景观的位置。他们拥有墨尔本皇家理工大学博士学位（沉浸感和躯体传感研究方向），通过现场模拟、表演捕捉、装置和视频，创造了身临其境的虚拟现实世界。他们在2020年的展览包括：伦敦加兹利美术馆（Gazelli Art House）的 *Enter Through The Headset 5*、伦敦西姆·史密斯画廊（Sim Smith Gallery）的 *New Raw Green*、英国电影协会的《伦敦电影节扩展版》，以及国际ARS电子艺术节、技术协会中的《奥特亚罗瓦花园》（*Aotearoa Garden*）。

第 6 章 作品赏析

这两位艺术家都居住和工作于伦敦，目前正在与伦敦金斯密斯学院和 UAL Creative Computing Institute 的合作伙伴一起进行人工智能和机器学习项目。吉布森还是英国考文垂大学（Coventry University）舞蹈研究中心的副教授。

作品赏析：

艺术作品 *DRAWING LEVELS* 使用 Oculus Rift（一种头戴式显示器）创建了一个虚拟环境，属于下一代沉浸式体验项目。

如图 6-37～图 6-39 所示，编舞者露丝·吉布森使用软件 Quill 创建在虚拟现实中的绘画，并实验性地用脚作为虚拟现实控制器。脚对舞者来说是至关重要的，但经常被忽略，因为上半身的输入往往被优先考虑，即集中于手的交互。绘图软件将手势数据呈现为实体形状或一个移动的点在空间中变成了一条线的画，本质上是对静止状态的表现。

图 6-37 *DRAWING LEVELS*（2019）（1）

图 6-38　*DRAWING LEVELS*（2019）（2）

图 6-39　*DRAWING LEVELS*（2019）（3）

虚拟现实系统在这里被定义为一种动作捕捉系统。在绘制中，每个最终的脚的草图就像一个大脑形状的风滚草，骨骼形状在虚拟现实中被缩放成环境上层结构，用编程来驱动单个顶点的半透明着色器进行着色，并且创建一个波动的运动给生硬的模型带来更柔和的有机感觉。该作品的另一个特点是由加拿大合作者大卫·詹森（David Jensenius）创造的长幅的环境音乐。

此艺术作品考虑了舞蹈知识、情感在创造界面和具身交互设计中的作用，通过不同形式传递舞者对舞蹈思想和过程的新鲜理解。

6.13 千核科技

千核科技（GeeksArt）团队汇集了艺术家、创意人、策展人、编程师、工程师、技术人员等来自不同领域的国际化人才，专注于研发、设计、创造新媒体艺术装置作品。GeeksArt团队旨在从融合新媒体技术与艺术理念的创作中挖掘更多的更新颖、更引人入胜的作品形式，从而探索使科技与人类感官意识世界发生更深层次连接的可能性。由GeeksArt团队原创的新媒体艺术展《每当星辰变幻时》已经完成了全球巡展，其高品质的原创艺术作品获得海内外媒体广泛好评，被称为"2019年最值得期待的新媒体艺术展"。

作品赏析：

1. 《花影》

如图6-40所示，《花影》是一个互动装置艺术作品。作者灵感来源于童年记忆里的蒲公英，轻轻呼出的一口气就能点燃肆意绽放的生命力。GeeksArt团队利用科技手段激发起人们对自然的记忆。这些刹那的小感动，让钢铁不再只是纯粹的工业品，也是人文情感、自然触感、科技观感的综合体验载体。艺术衍生出了非固守和坠落的第三种可能，蒲公英在交锋中借风于半空中绽放（如图6-41所示），呼吸间色彩交汇，缤纷斑斓。灯光流动之间连接的是人类与自然、科技三者之间的沟通。

图 6-40 《花影》(2019)(1)

图 6-41 《花影》(2019)(2)

2. 《流》

《流》(*Wavelet*)是一个互动灯光装置艺术作品,并于2018年获英国流明数字艺术大奖提名,如图6-42所示。该作品利用光的变化模拟了"流水"的趣味,并增添了一丝浪漫色彩。我们与身边的事物之间总有千丝万缕的联系,生命中的相互作用如同水的涟漪扩散一般。当考虑到万物相连时,我们所做的点点滴滴都在相互之间产生着深远的影响。GeeksArt团队以此项目来呈现这个现象,创造了一个令人难忘的互动体验:每个变化都是参与者自己发出的,每个观众都是改变的参与者。

图6-42 《流》(2018,英国流明数字艺术大奖提名)(1)

该作品的主体由1300个感应灯组成,每个灯可以看成一个"水滴",这些水滴组成了一个波浪起伏的表面。当参与者用发光的物体靠近其中一个"水滴"时,它会立即被点亮,并将这一点光传递给周围的"水滴"。一道看得见的"光波"随之延展到装置的边缘,如同你在湖水中投入一粒石子引起的涟漪。代表水滴的每个灯球之中都藏有一个定制的微型感应器,它能够分析光的亮度和颜色。因此,该装置能敏锐地捕捉到不同于环境光的光源;在光的传递过程中,它可能会因为环境光的影响而产生"突变",这也为装置增加了更多不可预测的神秘性。而当多个参与者使用不同颜色的光源从不同位置触发装置时,多种色彩的光波将相互碰撞,形成一片持久、璀璨的光芒,如图6-43所示。

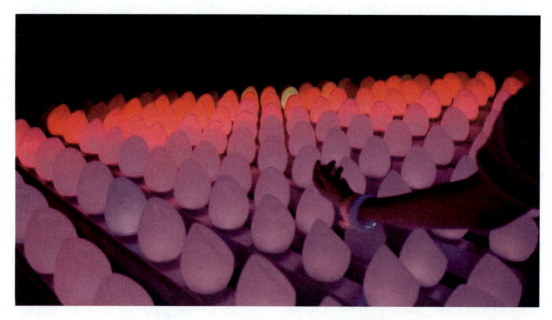

图 6-43 《流》（2018，英国流明数字艺术大奖提名）（2）

6.14　罗德尼·贝瑞

罗德尼·贝里（Rodney Berry）最初是一名音乐家，后来通过使用声音元素而不是图像元素进入了计算机图形学和交互技术领域，通常还伴随雕塑元素，在21世纪初以对增强现实和音乐领域的开创性研究而闻名。他以艺术家的身份加入日本ATR，作为研究员持续工作了几年，后来到了新加坡南洋理工大学和新加坡国立大学。目前在澳大利亚悉尼工作。

作品赏析：

1. In the Domain of the King

1977年，世界上共有37个猫王模仿者；1993年，有48000人；按照这个速度，2010年，每3个人中就有1个是猫王模仿者。

如图6-44所示，In the Domain of the King 作品中，三张卡片上的图案分别为猫王埃尔维斯·普雷斯利、一颗星星和一把吉他，观察者在戴上录像护目镜后只能看到一小块背景。

第 6 章 作品赏析

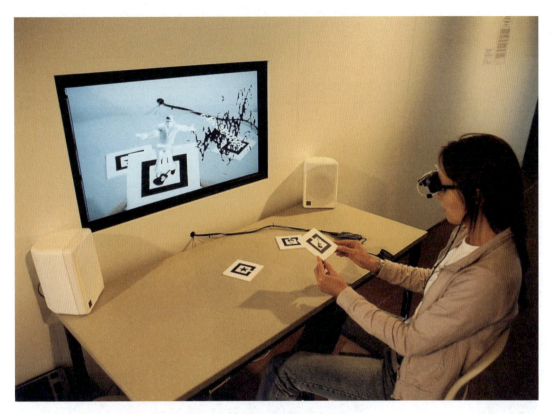

图 6-44　*In the Domain of the King*（2004）（1）

此时观察者拿起卡片观察，如图 6-45 所示，吉他卡片上方显示了一个跳舞的猫王，他的动作是否不稳定和易破碎取决于与观察者的关联。星星卡片上方显示了世界人口的快速增长情况，并且基于上述的预测估计出当前世界上猫王模仿者的数量，这些数字伴随着一个随机扭曲的网格。猫王卡片上方显示的是猫王在生活和职业生涯中不同阶段的旋转喷泉照片，形成的图像被不可见的风吹成不同的形状，而这一切都取决于卡片与观察者之间空间的关系。观察者查看每张卡片时都会播放相应的声音摘要，声音摘要会根据其所对应的观察者位置在扬声器中之间从左向右平移，音量会随着每张卡片与观察者的距离变化，即越近而越大，越远而越柔软。

In the Domain of the King 中使用 Touch Designer、MXR Toolkit 跟踪库、录像护目镜及视频混合器构建增强现实系统。当时，该作品需要使用外部视频混合器，在由摄像机拍摄的图像上合成实时的三维图像，视频混合器安装在奥林巴斯头戴式显示器上。系统跟踪卡片的位置，并根据位置和方向排列三维图形图像。但是，三维的配准是非常不稳定的，图像的质量同样如此。

图 6-45　*In the Domain of the King*（2004）（2）

2. Byte Block

如图 6-46 所示，*Byte Block* 允许参与者通过排列和调整桌面上的木质标记块来制作 Bytebeat 音乐。这个由木块制成的作品探讨了数学化的表达方式，将表达都变成了声音，它们刺耳但唤起了参与者对早期录像带游戏声音的回忆。

该作品的基本理念是在不使用键盘的前提下，为参与者提供一种用数学公式创作音乐的体验。使用传统方法需要大量的打字、删除、复制和粘贴操作，而这个作品将人们从键盘中解放出来，提供一种更具物理性的体验。

该作品探索乐器创作和即兴创作音乐的代表性，是对作曲和发展乐器音乐的创造性探索。人们倾向于认为乐器是创造和控制声音的方式，但其实它也是一系列音乐可能性的物理表现。

第 6 章 作品赏析

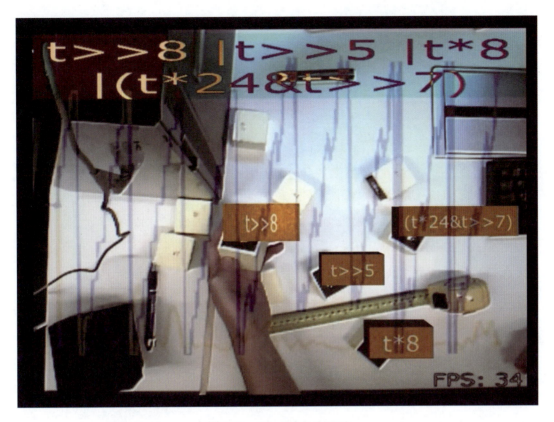

图 6-46 Byte Block（2016）

由于参与者改变木块放在桌子上的位置时不会改变参数，与传统乐器直接控制声音相比，反射的机会更多。参与者可以做一个小小的改变，如退后一步，听听结果的改变，空间的微小变化可能会导致声音的实际重复模式发生显著变化。

Byte Block 中使用 Touch Designer Artolkit 4 构建增强现实系统并带有程序图形，图形用于显示音乐中使用的功能。这种发出声音的方法称为 Bytebeat，是一个评估数学表达式以发出声音的过程，即在程序中给定数字的斜坡输入，以音频速率从1到256重复计数，计算出的变化结果用于生成音频。因为计算是用整数进行的，所以简单的整数比较常见，往往只会产生一种音乐效果；而在音高和节奏元素之间有许多简单的整数比，所有这些都带有刺耳的8声道。Bytebeat 是具有确定性的，但方式复杂、难以预测。

传统意义上，在 Bytebeat 中应用键盘对数学表达式进行输入和编辑，但是在这种情况下，部分数学表达式与参与者通过移动有形的木块进行关联。连接数学表达式的各个部分并旋转各个木块可以调整某些变量，因此出现各种音乐模式和非音乐模式都是可能的。

在屏幕上，显示了声音输出的波形和频谱，也显示了每个木块表示的数学表达式。这些可以让参与者对正在发生的事情有所了解。

6.15 纪毅

纪毅（YI JI）博士长期从事交互设计和用户体验方面的研究，拥有跨领域的行业相关经验，是创意交互设计语言模式的首创者。自2010年起，在悉尼科技大学认知与创意研究中心从事人机交互设计与交互艺术的研究。致力于个性化人机交互设计模式的开发与应用，在艺术与交互技术融合的领域进行深入的研究及创新实践。主持多项国家及省部级研究项目，担任广东省数字媒体集成创新工程技术研究中心副主任。近年来，在国际期刊和顶级学术会议上发表论文数十篇，包括 Leonardo Transactions (MIT Press)，IEEE Computer Graphics and Applications，Lecture Notes in Computer Science，Frontiers of Information Technology & Electronic Engineering 等。个人及团队的新媒体交互艺术作品多次在国际顶级会议和交互艺术设计展中展出，包括 SIGGRAPH、CHI、TEI、SIGGRAPH Asia、Chinese CHI。取得多项国际创新专利授权。担任国际期刊雷奥纳多学报的特约审稿人，International Journal of Robotics and Mechatronics 期刊特邀主编，Springer Cultural Computing 系列丛书编委。还是 Association for Computing Machinery（ACM）会员、澳大利亚交互设计协会会员、中国工业设计协会信息与交互设计专业委员会委员、国际华人华侨人机交互协会理事、澳大利亚澳华科技协会会理事。受邀在多个国际学术会议做主题演讲和举办工作坊，包括悉尼国际设计周、国际交互设计大会、中国国际设计大会、伦敦国际电子可视化与艺术会议等。作为国际策展人担任 Australia CHI 2016 交互艺术与设计联合主席、Chinese CHI 2017国际会议技术主席、Human Computer Interaction International（HCII 2019）论坛主席、Chinese CHI 2019 交互艺术与设计联合主席、Human Computer Interaction International（HCII 2020）论坛主席。

作品赏析：

1. *Facebook Art*

戏剧脸谱文化是历史悠久的中华传统文化中的一个分类。图6-47和图6-48所示为

作品 *Facebook Art*。智能交互艺术团队通过一种可以让年轻人更容易关注的形式,将戏剧脸谱以新媒体的方式呈现在大众面前。在此作品中,打破了传统的戏剧脸谱组合,让用户根据自己的风格与喜好设计属于自己的戏剧脸谱,再通过人工智能生成技术将戏剧脸谱的元素(如眼睛、鼻子、嘴巴、纹路)变成各种风格,如像素风格、线描风格、故障风格等,即受大家欢迎的现代潮流元素。用户使用移动设备中的程序即可设计属于自己的戏剧脸谱,然后将其投影到墙上,欣赏自己设计的戏剧脸谱的生成过程及艺术展现形式,得到属于自己的一件新媒体戏剧脸谱作品。本作品想让人们知道:其实传统文化一直没有过时,也可以很"酷"。

图 6-47　*Facebook Art*(2020,SIGGRAPH Asia Art Gallery)

2. AR Book

如图 6-49 和图 6-50 所示,AR Book 是智能交互艺术团队使用增强现实技术以与纸雕艺术书籍为媒体创作的,增进和扩展了公众对真实世界与虚拟世界之间非物质文化遗产知识的理解。AR Book 的有形材料包括粤瓷的历史、图案、颜色、工艺、工具 5 部分。有形的书需要结合增强现实设备,这些设备对应的软件需要嵌入学习者的手机中,以帮助他们实现与实时环境的交互。学习者通过多模态的互动形式从不同角度感知广彩瓷器的特性,获得对传统手工艺的学习体验。

创意交互设计与开发

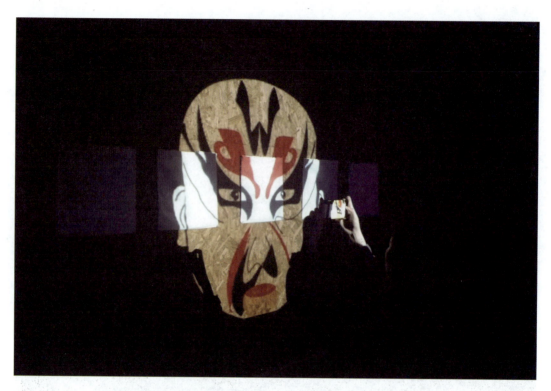

图 6-48　*Facebook Art*（2020，SIGGRAPH Asia Art Gallery）

图 6-49　AR Book（2020）（1）

第 6 章 作品赏析

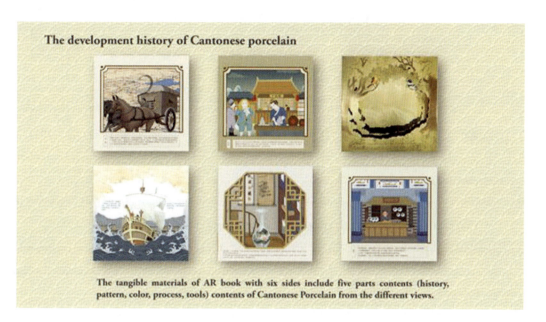

图 6-50 AR Book（2020）（2）

参考文献

[1] Langdon P, Clarkson J, Robinson P, et al. Designing inclusive systems[M]. London: Springer, 2012.

[2] Dubberly H, Haque U, Pangaro P. What is interaction? Are there different types?[J]. Interactions magazine Jan 1, 2019: 16(1) 69-75.

[3] Polovina S, Pearson W. Communication+ dynamic interface= better user experience[M]. London: End-User Computing: Concepts, Methodologies, Tools, and Applications. IGI Global, 2008: 419-426.

[4] Bueno A M, Barbosa S D J. Using an interaction-as-conversation diagram as a glue language for HCI design patterns on the web[C]. International Workshop on Task Models and Diagrams for User Interface Design, 2006: 122-136.

[5] TUBBS, S. Human Communication: Principle and Context [M]. New York: McGraw Hill, 2008.

[6] Eseryel D, Ganesan R, Edmonds G S. Review of computer-supported collaborative work systems[J]. Journal of Educational Technology & Society, 2002, 5(2): 130-136.

[7] Wright P, Wallace J, McCarthy J. Aesthetics and experience-centered design[J]. ACM Transactions on Computer-Human Interaction (TOCHI), 2008, 15(4): 1-21.

[8] Andreev R D. A linguistic approach to user interface design[J]. Interacting with Computers, 2001, 13(5): 581-599.

[9] Stivers T, Sidnell J. Introduction: multimodal interaction[J]. Semiotica, 2005, 156(1/4): 1-20.

[10] Kendon A. Language's matrix[J]. Gesture, 2009, 9(3): 355.

[11] Winograd T. A language/action perspective on the design of cooperative work[C]. Proceedings of the 1986 ACM conference on Computer-supported cooperative work，1986: 203-220.

[12] Krippendorff K. The semantic turn: A new foundation for design[M]. Boca Raton: CRC Press, 2005.

[13] Allwood J. Linguistic communication as action and cooperation[M]. Göteborg: University of Göteborg Department of Linguistics, 1976.

[14] Halliday M A K. On grammar[M]. London: Bloomsbury Publishing, 2002.

[15] Pappas H. HCI and Interaction Design: In search of a unfied language[D]. Kungliga Tekniska Högskolan，2011, 71.

[16] Clark H H. Using language[M]. Cambridge: Cambridge University Press, 1996.

[17] Zhuge H. Interactive semantics[J]. Artificial Intelligence, 2010, 174(2): 190-204.

[18] Rogers Y, Sharp H, Preece J. Interaction design: beyond human-computer interaction[M]. Hoboken: John Wiley & Sons, 2011.

[19] Giaccardi E, Ciolfi L, Hornecker E, et al. Explorations in social interaction design[C]. CHI'13

Extended Abstracts on Human Factors in Computing Systems, 2013: 3259-3262.

[20] Sengers P, Boehner K, Knouf N. Sustainable HCI meets third wave HCI: 4 themes[C]. CHI 2009 workshop, 2009: 4.

[21] Harrison S, Sengers P, Tatar D. Making epistemological trouble: Third-paradigm HCI as successor science[J]. Interacting with computers, 2011, 23(5): 385-392.

[22] Pea R D. User centered system design: new perspectives on human-computer interaction[J]. Journal educational computing research, 1987, 3(1): 129-134.

[23] Norman D A. The psychology of everyday things[M]. New York: Basic Books, 1988.

[24] Saffer D. Designing for interaction: creating innovative applications and devices[M]. Berkeley: New Riders, 2010.

[25] Ryu H, Monk A. Interaction unit analysis: A new interaction design framework[J]. Human–Computer Interaction, 2009, 24(4): 367-407.

[26] Beaudouin-Lafon M. Designing interaction, not interfaces[C]. Proceedings of the working conference on Advanced visual interfaces, 2004: 15-22.

[27] Jokinen K. Constructive dialogue modelling: Speech interaction and rational agents[M]. Hoboken: John Wiley & Sons, 2009.

[28] Forlizzi J, Battarbee K. Understanding experience in interactive systems[C]. Proceedings of the 5th conference on Designing interactive systems: processes, practices, methods, and techniques, 2004: 261-268.

[29] Shneiderman B. Direct manipulation: A step beyond programming languages[C]. Proceedings of the Joint Conference on Easier and More Productive Use of Computer Systems.(Part-II): Human Interface and the User Interface-Volume 1981, 1981: 143.

[30] Suchman L A. Plans and situated actions: The problem of human-machine communication[M]. Cambridge: Cambridge University Press, 1987.

[31] Sundström P, Ståhl A, Höök K. A user-centered approach to affective interaction[C]. International Conference on Affective Computing and Intelligent Interaction. Berlin: Springer, 2005: 931-938.

[32] Kaptelinin V, Bannon L J. Interaction design beyond the product: Creating technology-enhanced activity spaces[J]. Human–Computer Interaction, 2012, 27(3): 277-309.

[33] IXDA. 2014. Available: http:. www.ixda.org/about/ixda-mission.

[34] Langley P, Laird J E, Rogers S. Cognitive architectures: Research issues and challenges[J]. Cognitive Systems Research, 2009, 10(2): 141-160.

[35] Cooper A, Reimann R, Cronin D. About face 3: the essentials of interaction design[M]. Manhattan: John Wiley & Sons, 2007.

[36] Monk A. Refining early design decisions with a black-box model[J]. ACM SIGCHI Bulletin, 1987,19(2): 55.

[37] Forlizzi J, Ford S. The building blocks of experience: an early framework for interaction designers[C]. Proceedings of the 3rd conference on Designing interactive systems: processes, practices, methods, and techniques, 2000: 419-423.

[38] 郭晓寒，何雨津. 互动媒体艺术[M]. 重庆：西南师范大学出版社，2008.

[39] England E, Finney A. Interactive Media-What's that? Who's involved[J]. ATSF White Paper-Interactive Media UK, 2011, 12.

[40] 许婷. 互动媒介艺术[M]. 辽宁：辽宁美术出版社，2014.

[41] 孙为. 交互式媒体叙事研究[D]. 南京：南京艺术学院，2011.

[42] 陈迪. 互动媒体支撑下的课堂教学研究[D]. 武汉：华中师范大学，2012.

[43] 黄传武. 新媒体概论[M]. 北京：中国传媒大学出版社，2013.

[44] 刘惠芬. 数字媒体[M]. 北京：清华大学出版社，2008.

[45] 王尔卓，袁翔，李士岩. 智能家居场景中会话智能体主动交互设计研究[J]. 图学学报，2020,41(04):658-666.

[46] 金江波. 当代新媒体艺术特征[M]. 北京：清华大学出版社，2016.

[47] 王艺湘. 新媒体时代品牌形象系统设计[M]. 北京：中国轻工业出版社，2015.

[48] 姜宏杰. 内向传播在新媒体互动装置设计中的应用研究[D]. 大连：大连外国语大学，2020.

[49] 顾汉杰. 基于虚拟现实的科普游戏设计[J]. 中国教育信息化，2017(10):92-96.

[50] 张琳琳. 互动媒体支撑下的翻转课堂教学模式研究[D]. 大庆：东北石油大学，2014.

[51] 于昭婷. 博物馆数字化展陈中的互动媒体设计方法研究[D]. 秦皇岛：燕山大学，2016.

[52] 黄秋野. 互动媒体设计[M]. 南京：东南大学出版社，2011.

[53] 李锋，吴永杭，熊文湖. 产品设计——以用户为中心的设计方法及其应用[M]. 北京：中国建筑工业出版社，2013.

[54] 董建明，傅利民，饶培伦. 人机交互：以用户为中心的设计和评估[M]. 北京：清华大学出版社，2013.

[55] 〔美〕Donald A. Norman. 设计心理学[M]. 北京：中信出版社，2015.

[56] 王彦军. 基于 UCD 的智能电视多屏互动产品设计研究[D]. 济南：山东大学，2016.

[57] 徐宇玲. 以用户为中心的数字媒体互动叙事研究[D]. 南昌：江西师范大学，2017.

[58] Bozzelli G, Raia A, Ricciardi S, et al. An integrated VR/AR framework for user-centric interactive experience of cultural heritage: The ArkaeVision project[J]. Digital Applications in Archaeology and Cultural Heritage, 2019, 15: e00124.

[59] Alan Cooper, Robert Reimann, David Cronin, 等. About Face: 交互设计精髓[M]. 4 版. 倪卫国，刘松涛，薛菲，等，译. 北京：电子工业出版社，2015.

[60] Barbieri L, Bruno F, Muzzupappa M. User-centered design of a virtual reality exhibit for archaeological museums[J]. International Journal on Interactive Design and Manufacturing (IJIDeM), 2018, 12(2): 561-571.

参考文献

[61] Martinec R, Van Leeuwen T. The language of new media design: Theory and practice[M]. British: Routledge, 2020.

[62] Alexander C, Alexander P, Ishikawa S, et al. Center for Environmental Structure[C]. A Pattern Language: Towns, Buildings, Construction. Center for Environmental Structure Berkeley, Calif: Center for Environmental Structure series，1977.

[63] Tidwell J. A pattern language for human-computer interface design[J]. Available via DIALOG, 1997: 710–719.

[64] Erickson T. Lingua Francas for design: sacred places and pattern languages[C]. Proceedings of the 3rd conference on Designing interactive systems: processes, practices, methods, and techniques, 2000: 357-368.

[65] Dearden A. Designing as a conversation with digital materials[J]. Design studies, 2006, 27(3): 399-421.

[66] Winograd T. The design of interaction[M]. New York: Springer, 1997.

[67] McCarthy J, Wright P. Technology as experience[J]. Interactions, 2004, 11(5): 42-43.

[68] Couper-Kuhlen E, Selting M. Introducing interactional linguistics[J]. Studies in interactional linguistics, 2001, 122.

[69] Schegloff E A. Whose text? Whose context?[J]. Discourse & Society, 1997, 8(2): 165-187.

[70] Johnson-Laird P N. Mental models: Towards a cognitive science of language, inference, and consciousness[M]. Boston: Harvard University Press, 1983.

[71] Moggridge B, Atkinson B. Designing interactions[M]. Cambridge: MIT press, 2007.

[72] Myers B A. Separating application code from toolkits: Eliminating the spaghetti of call-backs[C]. Proceedings of the 4th annual ACM symposium on User interface software and technology, 1991: 211-220.

[73] Haque U. Architecture, interaction, systems[J]. Arquitetura & Urbanismo, 2006, 149: 1-5.

[74] Oviatt S. User-centered modeling and evaluation of multimodal interfaces[J]. Proceedings of the IEEE, 2003, 91(9): 1457-1468.

[75] Guarino N. Formal ontology, conceptual analysis and knowledge representation[J]. International journal of human-computer studies, 1995, 43(5-6): 625-640.

[76] Tilly K, Porkoláb Z. Semantic user interfaces[J]. International Journal of Enterprise Information Systems (IJEIS), 2010, 6(1): 29-43.

[77] Bentley R, Dourish P. Medium versus mechanism: Supporting collaboration through customisation[C]. Proceedings of the Fourth European Conference on Computer-Supported Cooperative Work ECSCW'95. Springer, Dordrecht, 1995: 133-148.

[78] 陈苹. 交互式多媒体软件的设计与开发研究[J]. 电子技术与软件工程, 2016(10):63.

[79] 陈任. 互动装置设计[M]. 北京：中国轻工业出版社，2014.

创意交互设计与开发

[80] Pan Y, Stolterman E. Pattern language and HCI: expectations and experiences[C]. CHI'13 Extended Abstracts on Human Factors in Computing Systems, 2013: 1989-1998.

[81] Rumbaugh J, Jacobson I, Booch G. The unified modeling language[J]. Reference manual, 1999.

[82] 游庆龙. Scratch 编程对小学生问题解决能力的培养[J]. 西部素质教育，2019(15)：68-69.

[83] 陈元煮. 探究与分享：小学信息技术教学的关键词：以 Scratch 编程软件教学为例[J]. 基础教育论坛，2019(16): 40-41.

[84] 陈勇，杨宛颖，张月. Scratch 动画软件：功能、特点与应用[J]. 电脑知识与技术，2014, 000(023):5519-5522.

[85] 王旭卿. 学习编程，编程助学——2014 年哈佛大学 Scratch 教程评析[J]. 现代教育技术，2016, 026(005):115-121.

[86] 王振国，刘鲜. 基于 Scratch 的可视化编程教学策略探究[J]. 软件导刊(教育技术)，2019, 18(5)：50-52.

[87] 〔美〕Casey R, Ben F. 爱上 Processing:STEAM& 创客教育初学指南[M]. 陈思明，聂奕凝，郭浩赞，译. 北京：人民邮电出版社，2017.

[88] Micro:bit,https:. baike.sogou.com/vl67811419.htmffromTitlenmicro%3Abit.

[89] Arduino, https:. baike.baidu.com/item/Arduino/9362389?fr=aladdin.

[90] 贺倩. 人工智能技术发展研究[J]. 现代电信科技，2016,46(02):18-21, 27.

[91] 黄剑飞，张驰. 基于图形用户界面的多点触控交互技术专利分析[J]. 科技展望，2016, 26(29): 263.

[92] 杜名颖. 基于图像处理的交互式触摸系统研究[D]. 北京：电子科技大学，2016.

[93] 洪奕鑫. 基于 ROS 的智能语音交互系统设计与实现[D]. 广州：广东工业大学，2018.

[94] 徐守琦，刘凯. 特高压电动折叠飞车的研制[J]. 电力工程，2009, 30 (6): 90-93.

[95] 高卫国，徐燕申，陈永亮. 广义模块化设计原理及方法[J]. 机械工程学报，2007, 43 (6)：48-53.

[96] 郑刚强，宋荣华. 基于市场学原理的木塑产品模块化设计方法研究[J]. 包装工程，2014, 35 (14): 24-27.

[97] 钟伟弘. 基于广义模块化设计的产品重构技术研究[J]. 制造技术与机床，2010 (11): 53-57.

[98] 任伟. 虚拟现实技术在地质科普中的应用[J]. 地质评论，2017,63(51):378-379.

[99] 许晓川. 虚拟现实技术在教育中的应用[N]. 山西日报，2016-03-15(C02).

[100] 张宁，刘迎春，沈智鹏，等. 虚拟现实技术在专门用途英语教学中的应用研究综述[J]. 计算机科学，2017, 44(51): 43-47.

[101] 清华大学人工智能研究院，北京智源人工智能研究院，清华-中国工程知识智能联合研究中心. 人工智能之人机交互 Research Report of Human-Computer Interaction[J]. AITR Tsinghua, 2020(3).

致　谢

撰写书籍需要投入巨大的精力，本人完成的工作仅是整个工作流程中的一部分。在本书出版的过程中，许多人参与了本书的编撰工作，在此我衷心地感谢他们。在本书的编写过程中，Ernest Edmonds 和 Sean Clark 提出了很多宝贵建议和修改意见，使本书一直保持正确的方向及更重要的前沿性。另外，感谢 Andrew Johnston、Andy Lomas、Damiem Borowik、Ernest Edmonds、Esther Rolinson、Nicola Schauerman、Tim Pickup、Stephen Bell、Vicky Isley、Paul Smith、William Latham、Jen Seevinck、GeekArt、Sean Clark 等艺术家、学者及实践者的大力支持，他们为本书提供了他们多年进行创作的经验、创新理念及代表作品，使本书的内容更具广泛性和代表性，为读者打开了一扇了解国际交互新媒体艺术发展现状和趋势的窗户。我还要感谢我的团队成员孙晓红、钟声扬、代幸洋、马明，他们参与了书中部分章节的资料收集和统稿工作，帮助提高了本书的质量。没有这支优秀团队的帮助，我无法撰写出这本书，使其与读者见面。

同时，我还要感谢电子工业出版社的优秀团队，他们出色的专业能力和紧密合作促成了本书的顺利出版。

当然，特别需要感谢的还有我亲爱的家人们，他们也给予了我无私的帮助和鼓励，使我保持不断前进的动力，能够顺利完成本书撰写。